畜禽高效规范养殖丛书

肉猪疾病临床诊治与规范用药

吴家强 ◎ 主编

山东科学技术出版社
· 济南 ·

图书在版编目（CIP）数据

肉猪疾病临床诊治与规范用药 / 吴家强主编 . -- 济南：山东科学技术出版社，2021.3（2022.9 重印）
（畜禽高效规范养殖丛书）
ISBN 978-7-5723-0841-3

Ⅰ . ①肉… Ⅱ . ①吴… Ⅲ . ①猪病 - 诊疗 ②猪病 - 用药法 Ⅳ . ① S858.28

中国版本图书馆 CIP 数据核字 (2021) 第 027698 号

肉猪疾病临床诊治与规范用药
ROUZHU JIBING LINCHUANG ZHENZHI
YU GUIFAN YONGYAO

责任编辑：于 军
装帧设计：孙非羽

主管单位：山东出版传媒股份有限公司
出 版 者：山东科学技术出版社
地址：济南市市中区舜耕路 517 号
邮编：250003 电话：（0531）82098088
网址：www.lkj.com.cn
电子邮件：sdkj@sdcbcm.com
发 行 者：山东科学技术出版社
地址：济南市市中区舜耕路 517 号
邮编：250003 电话：（0531）82098067
印 刷 者：济南麦奇印务有限公司
地址：济南市历城区工业北路 72-17 号
邮编：250101 电话：（0531）88904506

规格：16 开（170 mm × 240 mm）
印张：8.5 **字数：**143 千 **印数：**10 917~12 917
版次：2021 年 3 月第 1 版 **印次：**2022 年 9 月第 3 次印刷
定价：45.00 元

《肉猪疾病临床诊治与规范用药》

主　　编　吴家强

副 主 编　于　江　张米申

编　　者　张玉玉　韩先杰　郭效珍　刘月月　孙文博
　　　　　陈　智　彭　军　郭立辉　任素芳　张　琳
　　　　　徐敏丽　李　俊　时建立

前言

养猪业关乎国计民生，发展生猪生产，对于保障人民群众生活、稳定物价、保持经济平稳运行和社会大局稳定具有重要意义。近年来，我国养猪业综合生产能力明显提升，但产业布局不合理、基层动物防疫体系不健全等问题仍然突出，副猪嗜血杆菌病、猪链球菌病、猪气喘病等发生频繁，特别是非洲猪瘟对我国养猪业造成了巨大经济损失。我们要正视这些新发疫病，采取综合防控措施，防患于未然，为养猪业的健康发展站好岗、服好务。

本书针对猪重大疫病、繁殖障碍疾病、呼吸系统疾病、消化系统疾病等新发病、多发病，真实反映了猪病的流行趋势和发生特点；突出了每种猪病的典型临床症状和病理变化，再通过实验室诊断技术和鉴别诊断进行确诊；组合了最佳防治方案，提出了最新治疗理念。本书收纳了猪病原图，真实还原了发病场景和临床症状，让读者可以快速抓住猪病的诊断要点，从而达到"看图识病、看图诊病、看图治病、看图防病"的目的。猪场科学免疫和合理用药是防治猪病的重要措施，本书介绍了猪场免疫接种技术、常用药物和消毒剂的用法用量、抗生素之间的促进和拮抗作用，让读者用药有的放矢，达到药到病除的效果。

由于我们水平有限，猪病防治技术又日新月异，书中难免有疏漏和不足之处，敬请读者提出改进意见，以期我们一起努力，把猪病防控工作做得更好。

编者

目录

第一章 概述

2018年，受非洲猪瘟影响，前期全国猪粮比价降低，中后期呈现震荡走势。2019年，生猪价格和玉米价格波动较大，猪粮比价同样出现较大波动，但以上涨趋势为主。根据农业农村部公布的最新数据，2019年12月，全国生猪存栏31 041头，较上月增长10.49%，比2018年同期增加18.32%。2020年中央一号文件明确指出了要尽快恢复肉猪生产，稳产保供。2020年2月，全国能繁母猪存栏量为2 088万头，较1月增加1.7%。

目前我国生猪生产形势较2019年有了明显好转，曾经威胁全国养殖户的非洲猪瘟也得到了有效控制，但猪病流行趋势有了新的变化。病原体变异或血清型的改变和饲养管理不合理等原因，造成猪病发生情况越来越复杂，漏诊和误诊不断发生。其中，猪呼吸道病综合征最具有代表性，发生率及危害占据猪病的首要地位，几乎所有的猪群都有发生。当前由单一因子诱发，具有典型症状或典型剖检变化的猪病越来越少见，一病多型、一病多症、一症多病的现象非常普遍。

一、当前猪病防控存在的问题

1. 引种混乱，没有把好猪苗质量关

当前猪病防控存在的首要问题是引种混乱，没有把好猪苗质量关。猪苗质量差会易引起各类风险疾病，在集约化养殖过程中会传染给其他猪群，导致大面积的疾病扩散。部分养殖户由于没有专业知识，在贩卖商处引进不同品种猪，随意养殖，只是在引种的时候接种疫苗，长期不接种疫苗，存在很大的猪病隐患。

2. 兽药和疫苗使用不合理

在猪病发生时，养殖者给猪滥用兽药和疫苗，使用各种抗生素和退热药，

但某些药物成分是相克的，只能导致病情越发严重；在猪病发生的第一时间养殖者未能正确诊断，未采取合理的防治措施，致使猪病暴发。

3. 日常管理不到位

在日常管理中，养殖者没有及时清扫猪舍及其周围环境，垃圾废弃物会传播病原并引来蚊虫，再由蚊虫传播疾病。

二、建立完善的防疫体系

1. 强化生物安全措施

对于已经接种过疫苗的新型猪种还是要精细化管理，定期接种疫苗和定时清扫猪舍。不能在猪舍内圈养其他动物，以免传播疾病。对于猪场废弃物、废渣废水等要及时装车运走，专车专用并定时清洁。

2. 加强免疫工作

根据猪场发病背景、疫病流行特点、猪场生产方式以及可供选择的疫苗制定免疫程序，并严格执行。建立接种档案，记录疫苗接种的时间、状态、特征、人员等信息，以便定时查看。建立健全免疫监测体系，监测免疫程序是否科学，全面了解猪群抗体水平高低，合理调整猪场免疫程序。

3. 加强饲养管理措施

猪病暴发时，采取紧急措施，进行场外隔离。及时对猪舍消毒，以防止病原体扩散。消毒时养殖者要身穿工作服，以免携带病菌。要请专业兽医来发病猪场，进行正确诊断和对症下药。

另外，严格处理猪场粪污和病死猪，也是猪场防疫体系的重要组成部分。

第二章 猪场免疫技术

疫苗免疫是保障猪场安全的重要措施，疫苗选择是关键，正确接种是保证。只有做到“真苗、真打，真有效”，才能针对病原产生整齐一致的抗体，从而提高猪群抗病能力。

目前各养猪场没有一个免疫程序可通用，而生搬硬套别人的免疫程序也不一定行得通。最好的做法是根据本场的疫病防治情况，考虑猪场所在地区的疫病流行特点，结合猪群的种类、年龄、饲养管理、母源抗体的干扰，疫苗的性质、类型和免疫途径情况，以及免疫监测结果，制定适合本场的免疫程序。

一、首免时间的确定

根据疫病发生规律、母源抗体水平和疫苗产生抗体的时间，确定首免时间。有的疫病（如猪瘟）对不同品种、年龄和性别的猪均可感染，而有的疫病只危害一定年龄阶段的猪（如仔猪副伤寒主要侵害1~4月龄仔猪，尤其多见于刚断奶的仔猪）。有的传染病一年四季均可发生（如猪瘟），有的传染病发生有一定的季节性（如日本乙型脑炎多发于天气炎热、蚊子活跃的季节，流行性腹泻多发于寒冷季节）。因此，应依据肉猪易感病的不同生长阶段和季节，结合疫苗产生抗体的时间确定免疫时间，在发病前达到有效免疫水平。

了解母猪群的免疫状况，检测母源抗体，再确定仔猪首免时间。如果接种过早，母源抗体水平过高，会中和抗原，导致免疫失败；接种过晚，则母源抗体水平过低，出现没有保护力的免疫空白期，仔猪易患病。

一般在仔猪20~25日龄进行首免，受猪瘟病毒威胁的猪场提前免疫，即在仔猪刚出生就接种猪瘟疫苗，1 h后吮初乳，在55~60日龄再加强免疫一次。

二、免疫次数

免疫接种的次数，应根据肉猪免疫接种后产生免疫力的强弱，免疫应答能力的高低，免疫力维持时间的长短，当地疫病流行的状况和生产需求等因素来确定。

例如，仔猪免疫器官尚未发育完全，对疫苗的免疫应答能力较弱，一次免疫起不到保护的作用，需要再加强免疫一次，甚至多次。许多疫苗（如口蹄疫、伪狂犬病、乙型脑炎等疫苗）经两次以上的接种，才能达到最佳的免疫效果。

三、选择合适的疫苗及注意事项

弱毒疫苗、灭活疫苗、单价苗、多价苗、联合疫苗、基因工程苗等，产生免疫力所需时间、免疫期长短、免疫途径、免疫效果和接种反应等均不相同。选择合适的疫苗类型，采用正确的免疫途径，才能达到较好的免疫预期。病毒性活疫苗和灭活苗可分开使用，两种细菌性活疫苗可同时使用，一般弱毒疫苗和油佐剂灭活疫苗可搭配使用，达到局部免疫和全身免疫，综合防病的目的。

猪场进行免疫接种时，还要注意以下事项。

（1）确保每次到场疫苗的有效性（检测包装是否完整、运输保温状态、生产日期、有效期、颜色，有无生产厂家、厂址、联系电话等），并做好记录，疫苗使用前要再检测质量。

（2）疫苗必须按照厂家要求进行保存，一般冻干疫苗需 –20℃冷冻保存，液体疫苗需 2~8℃保存，不能直接贴在冰箱、冰柜壁，否则，容易发生冻结。

（3）运输疫苗时要使用专用疫苗箱。疫苗在使用前需常温解冻，活苗稀释后 2 h 内使用完，灭活苗使用前要摇匀。开瓶未使用完的疫苗应消毒浸泡，焚烧处理。

（4）免疫时要准备足够的器械，注意针头型号、数量，检查是否有倒钩、弯曲、堵塞等，母猪做到一猪一针头，仔猪至少做到一窝一针头。

免疫针头使用建议

不同阶段	猪只重量	针头型号（mm×mm）	注射部位
后备母猪	50~140 kg	16×30	耳后三角肌，垂直皮肤进针
基础母猪	140 kg 以上	16×38	耳后三角肌，垂直皮肤进针
成年公猪	140 kg 以上	16×38	耳后三角肌，垂直皮肤进针
后海穴免疫	120 kg 以上	12×38	尾根下方凹陷，斜向上进针

（5）疫苗在稀释时严禁喷出针管，必须在瓶内排空气。使用后的疫苗瓶必须煮沸 30 min，方可丢至存放处，定期焚烧。

四、免疫途径

根据疫苗的类型、疫病特点及免疫程序，选择每次免疫的接种途径。例如，灭活苗、类毒素和亚单位苗不能经消化道接种，一般用于肌肉注射；有的猪气喘病弱毒冻干苗采用胸腔接种；仔猪采用伪狂犬病基因缺失苗滴鼻效果更好，既可建立免疫屏障，又可避免母源抗体的干扰。合理的免疫途径可以刺激机体快速产生免疫应答，否则，会导致免疫失败和不良反应。同种疫苗采用不同的免疫途径，所获得的免疫效果是不一样的。

五、不同疫苗之间的干扰与接种时间

接种两种或两种以上无交叉反应的疫苗时，机体对其中一种疫苗的免疫应答会降低。因此，对当地流行的传染病最好单独接种疫苗，在产生免疫力之前，不要再接种其他有拮抗作用的疫苗。在免疫接种后，如果猪场短期内感染了病毒，由于抗原（疫苗）竞争，机体对感染病毒不产生免疫应答，这时比不接种疫苗病情还要严重。例如，在接种猪伪狂犬病弱毒疫苗时，必须与猪瘟间隔 3~5 d 以上，以避免伪狂犬病弱毒疫苗对猪瘟的免疫干扰作用。又如猪繁殖与呼吸障碍综合征活疫苗，会影响猪瘟活疫苗的免疫应答。

第三章 猪疫病紧急处理措施

怀疑猪群发生疫病时，兽医应立即到现场检查、诊断，确诊并用药，尽可能减少经济损失。当猪场发生烈性传染病（如非洲猪瘟、口蹄疫等）时，采取有效扑灭措施并逐级上报。

一、确诊疫病

猪场发生疫情时，对猪群进行全面检查并隔离病猪。通过下列方法进行诊断：

1. 临床诊断

搜集病猪临床症状等资料，进行综合评估。

（1）观察病猪的整体状态变化，包括发育程度、营养状况、精神状态、运动行为、可视黏膜变化（如眼结膜、口黏膜、鼻黏膜等）、消化与排泄功能等。特别注意观察病猪鼻盘的湿润度和颜色，皮肤的出血点、疹块、疱疹等。

（2）测定病猪体温、脉搏及呼吸次数等生理指标，体温升高是某些急性传染病的指征。猪的正常体温为 38.5~40.0℃，平均体温为 39.0℃，一般波动不超过 0.5℃。

（3）病猪是否有咳嗽、气喘、打喷嚏、呻吟等，尤其要注意气喘和咳嗽的特点。

2. 流行病学诊断

流行病学诊断是对猪群、环境条件、发病情况和发病特点等进行调查，系统分析，结合病猪临床症状作出初步结论。

（1）调查猪群或临近猪场是否有类似病例发生，判定是单发、群发，以及是否有传染性。

（2）调查猪群或临近猪场过去发生过什么疫病，是否有类似疫病发生，发病经过和结果如何，分析本次疫病与过去疫病的关系。

（3）明确猪场的免疫程序及其执行情况如何，若猪场没有制定合理的免疫程序或执行不当，都可能是发生疫病的原因。

（4）详细了解猪场饲养、管理、卫生、消毒等情况。如猪舍饲槽、运动场的卫生条件，粪便和病死猪的处理情况等。了解饲料的组成、种类、质量与数量、贮存方法及饲喂方式，饲喂不当可引起某些代谢紊乱疾病，如仔猪营养不良、佝偻病、白肌病等。不经检疫随意由外地引进猪或人员往来频繁而不消毒，也易导致疫病的传播。

3. 病理学诊断

选择具有典型临床症状的病猪解剖，观察组织脏器的病理变化，进行病理组织学检验。

4. 病原学诊断

病原学诊断主要包括涂片镜检（血液、尿液、痰液及组织等）、病原体培养和药敏试验（主要适用于细菌病）、聚合酶链式反应（PCR）和荧光定量 PCR（适用于各种病原体）、动物接种等。

（1）涂片镜检：提取血液、尿液、痰液及组织，涂抹在载玻片上，在显微镜下观察病原体形态。通过革兰染色，判断是革兰阳性菌感染，还是革兰阴性菌感染。涂片镜检操作简单，可用于猪病的初期判断。

（2）病原体培养和药敏试验：无菌采集病料，接种于适宜的培养基上，37℃培养 12~24 h，通过菌落形态及生化反应来判断是何病原体。分离培养的菌株还可以进一步做药敏试验，筛选出敏感性强、疗效好的抗菌药物。仔猪黄白痢等通过细菌培养的方法比较好判断，而副猪嗜血杆菌、传染性胸膜肺炎放线杆菌等生长条件要求苛刻且生长缓慢，容易被杂菌覆盖，较难判断。现在猪病多为混合感染，需要结合其他试验方法进一步确诊。

（3）聚合酶链式反应（PCR）和荧光定量 PCR 检测：取病死猪的组织脏器（如肺脏、脾脏、淋巴结等）或血液样品，进行处理后检测。常见的病毒病［如猪伪狂犬（PR）、猪繁殖与呼吸综合征病毒（PRRS）、乙型脑炎（JE）、传染性肠胃炎（TGE）、流行性腹泻（PED）、轮状病毒、猪瘟（CSF）等］及细菌病（如副猪嗜血杆菌、猪链球菌、猪胸膜肺炎放线杆菌、猪大肠杆菌等病），都可以应用 PCR 或 RT–PCR 方法检测。该检测方法灵敏度高，适用于猪病的早期诊断。

（4）酶联免疫吸附试验（ELISA）：采集疑似发病猪和同一猪群的血液样品进行检测。ELISA 试验包括间接法、双抗原夹心法、捕获法等，主要用于病原体及血清抗体的测定，现在市场上有多种商品化的试剂盒可供选择。ELISA 试验需要孵育箱、洗板机、酶标仪等设备操作烦琐，试验过程需要 1~2 h，不适用于单个标本的检测。

当病因不明或剖检不能确诊时，应将病料送上级有关部门诊断。

二、紧急上报疫情

有下列情况发生时，必须紧急上报猪场负责人：种猪日发病率 1% 以上或死亡率 0.4% 以上；哺乳仔猪日发病率 5% 以上或死亡率 1.5% 以上；育成猪日发病率 4% 以上或死亡率 1.2% 以上；病猪临床诊断或剖检，发现较典型的传染病症状或过去未有过的新症状。

三、猪病治疗技术

目前猪病治疗技术主要包括疫苗免疫、药物治疗和提高猪体免疫力措施。

1. 预防接种

疫苗可分为活疫苗、灭活疫苗、基因工程疫苗等，猪瘟、乙型脑炎等只有活疫苗，细小病毒、副猪嗜血杆菌等只有灭活疫苗。有些猪病活疫苗和灭活疫苗兼有，如猪繁殖与呼吸综合征、伪狂犬病等。疑似或检测到猪群感染猪瘟病毒，可使用猪瘟脾淋苗紧急接种；原种猪群为净化伪狂犬病毒，不能使用全病毒灭活疫苗；经典型蓝耳病阴性猪场可以使用灭活疫苗，不建议使用减毒活疫苗。

定期对生猪接种疫苗，一年两次。生猪会在疫苗接种后 20 d 内产生免疫力，否则，及时补充注射。一般疫苗有效期为 0.5~1 年，每个月检查 1 次疫苗。

2. 高度重视种猪的免疫力

种公猪和母猪的繁殖期长，感染病毒后可能长期带毒并成为传染源。做好母猪免疫防控工作，可提高配种率和产仔率，使新生仔猪获得一定的母源保护。对仔猪黄（白）痢、副猪嗜血杆菌等细菌性疾病，通常在怀孕母猪分娩前进行免疫，新生仔猪通过初乳可获得较高的母源抗体。

3. 细菌性疾病的免疫

细菌性疾病的防治效果，不仅取决于所使用的药物，还与饲养条件和管理状况等因素有关。如猪肺疫、败血性链球菌病、猪传染性胸膜肺炎、副猪嗜血杆菌病等的发生率仍然较高，要科学接种疫苗。

4. 疫苗之间的相互干扰与影响

实施免疫程序还应考虑疫苗的相互干扰和影响，如果生猪已经感染疾病，则不应注射疫苗，避免感染扩散而造成大面积死亡。禁止同时对生猪注射 2 种疫苗，避免发生不良反应。在一种疫苗接种产生免疫力后，再接种另一种疫苗，间隔至少 10 d。例如，接种蓝耳病活疫苗后，间隔 10 d 以上才能接种猪瘟活疫苗。

5. 药物防治

对生猪使用各种抗生素、磺胺类药、驱虫药物等，预防疫病扩散。

（1）科学用药：在猪群发病时，要及时确诊和了解病因，再科学用药。给药前应先了解药物成分及有效含量，避免发生治疗效果低下或药物中毒情况。防治猪肠道疾病时，使用痢菌净效果较为显著，诺氟沙星及其衍生药物的抗菌活性也较好。用青霉素防治猪丹毒，用磺胺类药物治疗弓形虫病。氟苯尼考对沙门菌病有较好的疗效，而对大肠杆菌病的疗效次之。在猪饲料中添加矿物质、维生素和中草药成分等，可有效增强生猪的免疫力。在饲料中使用喹乙醇类添加剂，还能提升生猪的瘦肉率。

（2）用药安全：当猪体产生疑似症状或发病时，需要正确诊断和对症治疗，切忌滥用和误用药物。在饲料和饮水中添加土霉素类药物、激素等，会导致食品安全和和环境污染。猪患病时最好采用标本兼治，中西药结合治疗。在疫病发生早期，通过临床症状难以确诊，可抗菌与抗病毒药联合使用，以增强治疗效果。为了保障药物在猪体内持续发挥药效，可重复用药，但重复用药有可能产生耐药性问题。抗生素使用剂量和疗程不足易使病原体产生耐药性。一般为每天 2~3 次给药，若重复用药后仍无效果，则需改变治疗方案或更换药物。用抗菌药治疗时，可能出现给药剂量增大而疗效降低的情况。在饲料中添加抗菌药，猪群长期服用易产生耐药性，会导致药物治疗效果降低。

（3）疫苗接种期用药：在接种弱毒活疫苗前后 5 d 内，禁止使用对疫苗敏感的药物、抗病毒药物等，同时要避免在饮水中添加消毒剂，以防止产生抑制或杀死活疫苗，导致免疫失败。在疫苗接种期间，可以选用维生素类、微量元素类药物，以提高猪抗应激能力；选用免疫增强剂或对免疫促进作用的中药制剂等。

四、隔离和消毒措施

当确诊传染病后，应迅速采取紧急措施。如控制传染源，根据传染病的种类划定疫区，进行封锁，对病猪隔离治疗；保护易感猪群，对健康猪紧急接种或药物预防；切断传染途径，全场彻底消毒。

五、烈性传染病的扑灭措施

发生烈性传染病（如非洲猪瘟、口蹄疫等）时，必须立即全面封锁和隔离。严禁人、猪出入，并上报上级主管部门，做到早发现、快确诊，把疫情控制在最小范围内并扑灭。

对猪群进行检疫，病猪隔离或屠宰、焚烧；健康猪只紧急接种或药物治疗，被污染的用具、工作服等彻底消毒，粪便及铺草烧毁。

在指定地点屠宰病猪，焚烧或深埋（2 m 地下）。运尸体的车辆、役畜、用具和接触人员及工作服，必须严格消毒。

划定的封锁区应有明显标志，固定专人管理，指导绕行道路，禁止易感动物通过封锁区。解除封锁日期和方法，应遵从国家有关规定。待检出的最后一头病猪处理完毕后，观察 30 d 未发现新病例，对圈舍污染的用具、场地进行全面彻底终末消毒，经检验合格后，方能解除封锁。

第四章
猪场规范用药原则

一、用药方法

根据猪群日龄和健康状况，药物的性状和吸收途径等，采取不同的给药方法。归纳起来，常用内服给药、注射给药、直肠给药、皮肤给药等方法。

1. 内服给药

内服给药包括拌料和饮水，药物因受胃肠内容物、胃肠道内酸碱度、消化酶、胃肠道疾患、高热的影响而吸收不规则、不完全，故药效较慢。内服给药，药物成分必须经过肝脏才能进入血液循环，部分药物成分已失去活性，导致进入体循环的药量减少。因此，猪肠道感染时，应选用肠道吸收率较低或不吸收的药物拌料或饮水；猪全身感染时，则应选用肠道吸收率较高的药物拌料或饮水。

若病猪能吃食，可以药物拌料。病猪食欲下降，饮水给药可获得有效药量。不溶于水或微溶于水，在水中易分解降效或不耐酸、不耐酶的药物，不适用饮水给药。

2. 注射给药

注射给药包括皮下注射、肌肉注射和静脉注射等。皮下组织血管较少，吸收较慢、刺激性较强的药物不宜皮下注射；肌肉注射吸收较快而完全，油溶液、混悬液、乳浊液均可肌肉注射，但刺激性较强的药物应深层肌肉注射；静脉注射无吸收过程，药效最快，适于急救或需输入大量液体的情况，但一般的油溶液、混悬液、乳浊液不可静脉注射，以免发生栓塞。刺激性大的药物静脉注射时不可漏出血管。

3. 直肠给药

直肠给药是将药物灌注至直肠深部，可以在治疗便秘、补充营养时采用。直肠的周围有丰富的动脉、静脉、淋巴丛，直肠黏膜具有很强的吸收功能。

直肠给药，药物混合于直肠分泌液中，通过肠黏膜吸收，传输途径大致有三：其一，由直肠中静脉、下静脉和肛门静脉直接吸收进入大循环，避免了肝脏的首过解毒效应，提高了血药浓度；其二，由直肠上静脉经门静脉进入肝脏，代谢后再参与大循环；其三，直肠淋巴系统也吸收部分药物。三条途径均不经过胃和小肠，避免了酸、碱消化酶对药物的影响和破坏作用，亦减轻了药物对胃肠道的刺激，大大地提高了生物效用。

虽然直肠给药有诸多的优越性，但操作起来比较复杂，所以临床上应用较少。

4. 皮肤给药

通过体表皮肤给药以达到局部药效的作用，特别适宜治疗体外寄生虫病。因为药物外用时不经人体内脏器官吸收，不接触血液，即使超量使用也不会有很严重的后果，所以皮肤给药最安全，风险最小。当然皮肤给药也是有风险的，如脂溶性大的杀虫药可被皮肤吸收，易造成猪群中毒。

不同的用药方法可以影响药物在机体的吸收速度、药效发挥程度，以及维持时间的长短，甚至引起药物性质的改变，因此，要根据具体情况选择合适的用药方法。

二、用药技巧

现在临床上猪病往往存在两种或两种以上的病原体混合感染或继发感染，防治难度加大。一般采取综合防治方案，用药方法科学，药量足，疗程够，可以有效降低死亡率和治愈猪病。

（1）正确诊断，准确用药。根据流行病学、临床诊断，病理学诊断和实验室诊断，查清病原，有的放矢地选择安全、可靠、方便、价廉的药物。切忌不明病情就滥用药物，特别是抗菌药物。

（2）正确配伍，协同用药。熟悉药物性质，掌握药物的用途、用法、用量、适应证、不良反应、禁忌证，正确配伍，协同用药，避免拮抗作用和中和作用，能起到事半功倍的效果。2 种或 2 种以上的药物配合使用时，配伍不当会导致药物之间发生沉淀、分解、结块等理化反应，致使药效降低或增加药物毒性。如青霉素类药物和氨基糖苷类药物配伍用能增加疗效，但氨基糖苷类中的庆大霉素和青霉素类药物一起用，就会产生拮抗作用，降低药物疗效。

磺胺类药物、喹诺酮类药物加入增效剂，可增加疗效；泰妙菌素与盐霉素、莫能霉素联用，则产生拮抗作用。

（3）辨证施治，综合治疗。查明病因后，要迅速采取综合治疗措施。针对病原，选用有效的抗生素或抗病毒药物；调节和恢复机体的生理机能，缓解或消除某些严重症状，如解热、镇痛、强心、补液等。

（4）按疗程用药，勿频繁换药。现在的商品药物多为抗生素加增效剂、缓释剂，再加辅助治疗药物复合而成，疗效确切。一般首次用量加倍，第二次可适当加量，症状减轻时用维持量，症状消失后追加用药 1~2 d，一般用药 3~5 d。用药物预防猪病时，7~10 d 为一疗程，拌料混饲。

（5）正确投药，讲究方法。不同的给药途径可影响药物吸收的速度和数量，影响药效的快慢和强弱。静脉注射可立即产生作用，肌肉注射慢于静脉注射。选择不同的给药方式，要考虑机体因素、药物因素、病理因素和环境因素。如内服给药，药效易受胃肠道内容物的影响，一般给药在饲前，而刺激性较强的药物在饲后喂服。不耐酸碱、易被消化酶破坏的药物不宜内服。全身感染注射用药好，肠道感染口服用药好。

（6）按正确剂量使用药物。首先看清药物的重量、容量单位，不要混淆。其次，注意药物国际单位（IU）与毫克的换算。注意药物浓度的换算，用百分比表示，纯度百分比指重量的比例，溶液百分比指 100 mL 溶液中含溶质的克数。

（7）采用中西兽医相结合。中兽医具有一整套完整的学术体系，是研究动物保健、动物疾病及其治疗方法的综合性学科，近年来随着抗生素的限用，中兽医在猪病治疗中的作用及其优势得到认可。从临床观察来看，采取中西兽医结合处理的案例，疗效远大于单纯中药或西药。因此，我们在治疗猪病时多采用中西兽医相结合的治疗方法，从而降低西药残留，推动绿色养殖。

三、抗菌药物的种类和相互作用

1. 抗菌药物的常用术语

（1）抗菌药：抗菌药对细菌有抑制或杀灭作用，除了由某些微生物分泌产生的抗生素外，还包括人工合成的抗菌药，如磺胺类、喹诺酮类等。抗菌药主要用于防治细菌性感染或寄生虫感染。广义的细菌还包括放线菌、衣原体、支原体、立克次体和螺旋体等。

（2）抗菌谱：抗菌谱指抗菌药的抗菌范围。窄谱抗菌药仅对单一菌种或菌属有抗菌作用，如青霉素、链霉素等。广谱抗菌药能对多种致病菌有抑制或杀灭作用，如强力霉素、氟苯尼考等。

（3）抗菌活性：抗菌活性指抗菌药抑制或杀灭细菌的能力。抑菌药能抑制病原菌生长繁殖，而无杀灭作用，如磺胺类、四环素类、酰胺醇类等；杀菌药则能杀灭病原菌，如 β－内酰胺类、氨基糖苷类、喹诺酮类等。

2. 常用抗菌药物的特性及代表药物

临床常用繁殖期杀菌药，如 β－内酰胺类、喹诺酮类；静止期杀菌药，如氨基糖苷类、多肽类；速效抑菌药，如大环内酯类、四环素类、氯霉素类、林可胺类、截短侧耳素类；慢效抑菌药，如磺胺类、抗菌增效剂等。

（1）β－内酰胺类：此类属于繁殖期杀菌剂，主要包括青霉素类、头孢菌素类。

①青霉素类：代表药物有青霉素、氨苄青霉素、阿莫西林、普鲁卡因青霉素等。

青霉素属于窄谱抗生素，抗菌作用极强。对革兰阳性菌、放线菌、螺旋体、革兰阴性球菌等高度敏感，常作为首选药物。大多数革兰阴性杆菌对青霉素不敏感。青霉素可用于猪的链球菌病、乳房炎、猪丹毒、腹膜炎、膀胱炎等。

氨苄青霉素属于半合成广谱抗生素，对革兰阴性菌有较强的作用，对大多数革兰阳性菌的效力不及青霉素，抗菌作用不如庆大霉素和卡那霉素。用于猪的胸膜性肺炎、猪肺疫等。

阿莫西林属于半合成广谱抗生素，与氨苄青霉素的作用基本相似，对肠球菌属和沙门菌的作用比氨苄青霉素强两倍。

普鲁卡因青霉素具有缓释长效作用，作用较青霉素持久，但过量容易引起中毒。

②头孢菌素类：代表药物有头孢噻呋、头孢喹肟等。

头孢噻呋：属于广谱抗生素，第三代头孢菌素，对革兰阳性菌、阴性菌都有效。用于猪的链球菌病、传染性胸膜性肺炎等。

头孢喹肟：属于广谱抗生素，第四代头孢菌素，对革兰阳性菌、阴性菌都有效，抗菌活性强于头孢噻呋。用于猪的链球菌病、传染性胸膜肺炎、渗出性皮炎等。

（2）喹诺酮类：属于繁殖期杀菌剂、广谱抗菌药，代表药物有恩诺沙星、诺氟沙星、环丙沙星、氧氟沙星等。除对革兰阳性菌和革兰阴性菌敏感外，对霉形体和某些厌氧菌也有效。其特点是杀菌力强、吸收快、使用方便，并且与其他抗菌药无交叉耐药性。用于猪的黄白痢、气喘病等。

（3）氨基糖苷类：属于静止期杀菌剂、窄谱抗生素，代表性药物有链霉素、庆大霉素、新霉素、卡那霉素、大观霉素等。此类抗生素对需氧革兰阴性杆菌的作用较强，对厌氧菌无效。对肾脏和神经的损害较大。用于猪的肠道性感染、猪肺疫等。

（4）多肽类：属于静止期杀菌剂、窄谱抗生素，代表药物有黏杆菌素、杆菌肽等。黏杆菌素对革兰阴性杆菌的抗菌活性强，多用于大肠杆菌引起的猪腹泻；杆菌肽对革兰阳性菌有杀灭作用，对革兰阴性杆菌无效。

（5）大环内脂类：属于速效抑菌剂、广谱抗生素，代表药物有泰乐菌素、替米考星、红霉素、泰拉霉素等，新大环内酯类的代表药物有阿奇霉素等。大环内脂类抗生素的抗菌谱和抗菌活性基本相似，主要对多数革兰阳性菌敏感，对革兰阴性球菌、厌氧菌、支原体、衣原体等也有良好杀灭作用。对于猪胸膜性肺炎的治疗效果，阿奇霉素、替米考星优于泰乐菌素。泰乐菌素是大环内酯类中对支原体作用最强的药物之一。

（6）四环素类：属于速效抑菌剂、广谱抗生素，代表药物有强力霉素、金霉素、四环素、土霉素等。对革兰阳性菌和阴性菌、螺旋体、衣原体、原虫等均有抑制作用。土霉素多用于治疗猪黄白痢、附红细胞体等，强力霉素用于治疗猪气喘病等。

（7）氯霉素类：属于速效抑菌剂、广谱抗生素，代表药物有氟苯尼考、氯霉素等。对革兰阳性菌和阴性菌都有作用，对阴性菌的作用强于阳性菌。氟苯尼考可用于治疗猪传染性胸膜性肺炎、黄白痢等。

（8）林可胺类：属于速效抑菌剂、广谱抗生素，代表药物有林可霉素、克林霉素等。林可霉素对革兰阳性菌有较强作用，对支原体也有抑制作用，对革兰阴性菌几乎无效。用于治疗猪链球菌病、乳房炎等。

（9）截短侧耳素类：属于速效抑菌剂、广谱抗生素，代表药物有泰妙菌素等。泰妙菌素的抗菌谱与大环内脂类相似，对革兰阳性菌、支原体、螺旋体有较强作用。用于治疗猪胸膜性肺炎、气喘病等。

（10）磺胺类药：属于慢效抑菌药、广谱抗菌药，代表药物有磺胺嘧啶、磺胺二甲嘧啶、磺胺对甲氧嘧啶、磺胺间甲氧嘧啶、磺胺噻唑等。对大多数革兰阳性菌和部分革兰阴性菌有效，甚至对衣原体和某些原虫也有效。特点是抗菌谱较广、性质稳定、使用方便、价格低廉，但是容易产生耐药性。用于治疗猪弓形虫病、球虫病、脑部细菌性感染等。

（11）抗菌增效剂：属慢效抑菌药、广谱抗菌药，代表药物有二甲氧苄氨嘧啶（DVD）、三甲氧苄氨嘧啶（TMP）。二者之一与磺胺类合用时抗菌作用都会增强几倍或几十倍，甚至使抑菌作用变为杀菌作用。三甲氧苄氨嘧啶（TMP）还可增强四环素、庆大霉素等多种抗生素的抗菌作用，但与磺胺类合用对球虫的抑制作用不如 DVD 强。

（12）喹噁啉类：具有广谱抗菌作用，代表药物有痢菌净等，对革兰阴性菌的作用强于革兰阳性菌，对肠道致病菌（特别是革兰阴性菌）有较强作用。

3. 常见抗菌药之间的相互作用

拮抗作用是指两种或两种以上的药物合并使用后，使药效降低、作用减弱或消失。一般有拮抗作用的药物不宜联合使用，否则，会使疗效下降，还可能发生一些异常反应，干扰治疗，贻误病情。一般繁殖期杀菌药和速效抑菌药联合使用，产生拮抗作用；繁殖期杀菌药和静止期杀菌药联合使用，产生协同作用；速效抑菌药配合慢效抑菌药使用，产生相加作用；作用机制相同的药物合用，容易产生拮抗作用。

（1）β－内酰胺类（青霉素类、头孢菌素类）：β－内酰胺类与大环内酯类、四环素类、氯霉素类、林克胺类、磺胺类等联合使用，产生拮抗作用。如青霉素和四环素合用时，因为四环素是抑菌剂，致使青霉素的杀菌活性受到干扰而不能发挥作用；青霉素与磺胺嘧啶合用，青霉素会失去活性，合用时要注意间隔时间，分别注射；大剂量青霉素与氟苯尼考合用时，要先用青霉素，2~3 h 后再用氟苯尼考。

青霉素类与氨基糖苷类、喹诺酮类合用时，表现为协同作用。例如，青霉素与链霉素等合用时，青霉素破坏细菌细胞壁，有利于氨基苷类药物进入细菌内发挥作用，可增强药效。头孢菌素类要避免与氨基糖苷类、喹诺酮类合用，毒性会增加。

（2）氨基糖苷类（链霉素、庆大霉素、新霉素、卡那霉素、大观霉素等）：与氯霉素类、磺胺类药物合用能发生拮抗作用。因为氯霉素类能拮抗氨基糖苷类的杀菌效能，氨基糖苷类与磺胺类药物合用会发生水解失效。不同氨基糖苷类药物也不可合用，如链霉素与庆大霉素合用会增加毒性。

氨基糖苷类与青霉素类、喹诺酮类、多黏菌素类合用，有较好的协同作用。氨基糖苷类与头孢菌素类合用，虽然抗菌作用增强，但副作用也会增加。庆大霉素或卡那霉素可与喹诺酮类药物合用。TMP 可增强本品的作用，如卡那霉素与 TMP 合用对各种革兰阳性杆菌有效。

（3）大环内酯类（泰乐菌素、替米考星、红霉素、泰拉霉素等）：大环内酯类与 β－内酰胺类合用，能发生拮抗作用。它与氯霉素类、四环素类、林可霉素类合用，也有可能出现拮抗作用，因为它们作用机理相似，均竞争细菌同一靶位，而影响了作用的发挥。例如，泰拉霉素不能与其他大环内酯类抗生素或林可霉素合用；红霉素不可与氯霉素、四环素合用。

泰乐菌素可以与磺胺类合用，泰乐菌素与链霉素合用，可获得协同作用。

（4）林可酰胺类（林可霉素、克林霉素）：林可酰胺类与 β－内酰胺类合用，可产生拮抗作用；与氯霉素类、大环内酯类合用，也有可能出现拮抗作用，与多肽类等合用时也应注意。例如，林可霉素和红霉素合用，易发生拮抗作用。

林可霉素可与喹诺酮类的氟哌酸、恩诺沙星配合治疗合并感染，林可霉素与氨基糖苷类的大观霉素、新霉素、庆大霉素等合用。

（5）四环素类（强力霉素、金霉素、四环素、土霉素等）：四环素类与 β－内酰胺类合用，可产生拮抗作用；四环素类和磺胺类药物合用，也有可能产生拮抗作用，四环素不可与红霉素合用。

四环素类与氯霉素类合用，由于能阻碍蛋白质合成，对猪呼吸道病有较好的协同作用，也可与喹诺酮类合用。本品同类药物、非同类药物（如泰乐菌素）配伍，用于治疗胃肠道和呼吸道感染。TMP、DVD 对四环素类有明显的增效作用。

（6）氯霉素类（氯霉素、氟苯尼考等）：氯霉素类与 β－内酰胺类、氨基糖苷类、大环内酯类、喹诺酮类或林可胺类合用，可产生拮抗作用。氯霉素也不可与磺胺类等碱性药物合用。例如，氟苯尼考不能与青霉素、红霉素、林可霉素等合用。

氯霉素类（如氯霉素、氟苯尼考）与四环素类（如土霉素、强力霉素）等合用，用于治疗合并感染的呼吸道病。

（7）喹诺酮类（恩诺沙星、诺氟沙星、环丙沙星、氧氟沙星等）：喹诺酮类与氯霉素类、大环内酯类有拮抗作用，临床上氟哌酸不能与红霉素合用。

喹诺酮类可与青霉素类、氨基糖苷类、四环素类、林可胺类、磺胺类合用，例如，环丙沙星 + 氨苄青霉素对金黄色葡萄球菌有协同作用；喹诺酮类（环丙沙星）与 TMP 对猪的链球菌有协同作用；环丙沙星与磺胺二甲嘧啶合用，对导致猪腹泻的大肠杆菌有协同作用。

（8）磺胺类（磺胺嘧啶、磺胺二甲嘧啶、磺胺对甲氧嘧啶、磺胺间甲氧嘧啶、磺胺噻唑等）：磺胺类与 β－内酰胺类、氨基糖苷类合用，可产生拮抗作用。磺胺类药物与青霉素类药物合用，能使青霉素失去活性；与头孢菌素类合用，能降低其杀菌作用；与氨基糖苷类合用，会发生水解失效。

磺胺类药物与抗菌增效剂（TMP 或 DVD）、多黏菌素合用，可增强抗菌作用。

（9）多肽类（黏杆菌素、杆菌肽）：黏杆菌素可与磺胺类药、杆菌肽合用。禁止杆菌肽与土霉素、金霉素、恩拉霉素等合用。

随着猪细菌性感染数量的增多，临床兽医往往联合使用抗菌药物，但治疗效果却并不理想，主要原因是不了解药物的作用机理，使药效发挥不出来。因此，要联合应用具有协同作用的抗菌药物，避免拮抗作用，使临床用药更加安全可靠。

四、猪场正确应用抗菌药物

1. 抗菌药物应用存在的问题

抗菌药物的不合理应用，包括无指征的预防用药，选择抗菌药物不当，给药途径、次数及疗程不合理等。

（1）猪无症状时，预防用药过多。许多猪场技术人员为了让猪健健康康顺利出栏，隔三岔五在猪饲料中添加抗菌药作为保健药，殊不知由于长期使用抗菌药物，生猪体内正常的有益细菌遭到破坏，引起菌群失调，产生了耐药性。当猪群疫情暴发时，导致用药效果降低，甚至无效。

（2）未查明病原，任意使用抗菌药。猪发病是病毒性、细菌性、感染寄生虫，还是多重感染造成的，必须搞清楚。在没有明确病原前，仅凭初步判断就盲目用药，甚至以“鸡尾酒”式多重给药的做法是错误的。有些养殖者，在猪感染了猪瘟病毒或蓝耳病毒时，没有采取抗病毒措施，而是投用抗菌药，不仅没有达到治疗效果，而且造成了药物的浪费。

（3）搞不清药物的抗菌作用特点，选择药物不当。养殖者必须搞明白抗菌药适用于哪种致病菌及其有效范围，不能盲目用药。例如，治疗猪胸膜性肺炎放线杆菌病，首选抗菌谱比较广、抗菌活性强的替米考星或阿奇霉素。如果选择了对革兰阳性菌效果良好的窄谱抗菌药（青霉素类），那就达不到治疗效果。针对猪病的致病菌，选用在抗菌谱内、抗菌活性好的药物，则有作用；反之，则无效。

（4）抗菌药物使用不规范。选对了抗菌药物，不一定就能取得良好的治疗效果。治疗细菌感染时，抗菌药的用量、投药次数、用药途径、疗程都至关重要。

①使用抗菌药的剂量不准确。抗菌药必须达到一定剂量，才能在一定时间内在机体中保持有效浓度，发挥治疗作用。抗菌药超量使用，容易造成猪体内菌群失调，病情加重；用量过少，则达不到治疗效果。有些药品厂家只标注主要成分，而对其他成分不注明，许多猪场对药品成分不了解而采用联合用药，致使药量超标而造成中毒；有的猪场忽视了病猪采食量减少，没有增加药物量，致使病情得不到控制，死亡率增加；还有的猪场看重用药成本，用药量不足，同样达不到治疗效果。

②用药次数不准确。研究表明，为了使抗菌药发挥疗效，在致病菌感染部位必须保持最小抑菌浓度以上。用药次数不当，就不能保证药效。例如，在治疗猪链球菌感染时，头孢菌素类一天一次给药，治疗效果不佳。主要原因就是头孢菌素类的半衰期短，应一日多次给药。

③给药途径不当。给药途径直接关系到药物能否在动物体内产生有效浓度。许多技术员选择自认为方便的给药途径。例如，许多原料药水溶性不好，却用饮水给药，导致药物沉淀在水槽底部；有的药物需要肌注，却采用了拌料口服，耽误了病情。

④用药疗程不当，频繁换药。一般在病猪体温恢复正常、症状消失后2~3 d，方可停药。有的养殖场要么一见病情好转就停药，要么一天不见效就换药，要么长时间使用一种药。疗程过短，达不到治疗效果；疗程过长，对猪体的器官造成伤害，还容易产生抗药性，使治疗效果越来越差。

⑤抗菌药与细菌性活疫苗同时使用。如果在接种细菌性活疫苗时使用抗

菌药，则疫苗效果会降低。例如，有些养殖户在注射链球菌或猪丹毒活疫苗时，同时注射青霉素、金霉素、林可霉素等抗菌药，有的直接把抗菌药和活菌苗稀释在一起给猪注射，这些都是错误的做法。

⑥同时使用几种抗菌药，配伍不当，可能会产生拮抗作用而降低疗效。若存在配伍禁忌时也会增加毒性。例如，青霉素 + 替米考星 + 林可霉素等合用，会产生拮抗作用，甚至引起不良反应。

2. 猪场抗菌药物应用对策

（1）尽量减少不必要的预防性用药。猪场应该在做好免疫预防的基础上，增加营养、加强消毒等，保证猪群的健康生长，而不是在饲料中添加抗菌药给猪群长期饲喂。面对当前抗菌药物滥用问题，国家已明令淘汰存在风险隐患的抗菌药品种，取而代之的是毒性低的植物提取物和微生态制剂。

（2）查明病原，确为细菌性感染，方能应用抗菌药物。有经验的兽医会根据猪病流行病学、临床症状、特征性病变作出初步诊断。采集病猪的病理样本，送至检测机构分离病原化验，确诊后再提出用药方案。如果确诊为细菌性感染，才能使用抗菌药。如果缺乏细菌感染的证据，应谨慎使用抗菌药。如果是单纯的病毒性感染，则无需使用抗菌药。

（3）根据病原菌种类、药物的作用特点，正确选择抗菌药。只有明确了致病菌，才能选用高度敏感的药物，有条件的可以做药敏试验。在没有明确病原菌的情况下，要选用广谱抗菌药，扩大杀菌、抑菌范围，控制继发感染。

（4）规范用药，合理掌握用药剂量、次数和疗程。一般前两天要按最大治疗量给药，逐渐恢复维持量持续用药。在使用抗菌药物时以说明书为标准，还要结合抗菌药的作用特点决定用药次数。例如，头孢菌素类、青霉素类和其他 β－内酰胺类、克林霉素等半衰期短者，应一日多次给药；喹诺酮类、氨基糖苷类等可一日给药 1~2 次，间隔时间要长。只有在面对严重感染或是急性感染时，才可以适当增加用药次数。一般抗菌药的疗程是 5~7 d，也可用至病猪体温正常、症状消退后 2~3 d。

（5）选择恰当的给药途径。常见的抗菌药物给药途径主要有拌料或饮水口服、肌肉注射，个别病猪需要静脉注射或局部外用药物。一般给药途径取决于剂型，粉剂需要拌料或饮水口服，针剂则需要注射。给药途径不同，药效的快慢和强度不同。在控制猪场大群发病时，一般采用拌料或饮水口服给药，方便易行；对于感染严重或者病情发展迅速的病猪，要选择肌肉注射；

一般某些皮肤表层感染，可以选择外用的抗菌药物。

（6）了解抗菌药物之间的相互作用和配伍禁忌。抗菌药物因具有不同的理化性质和药理性质，配合得当作用加强，配合不当时易出现沉淀、结块、变色，从而引起药效降低或失效，甚至产生毒性。养猪生产中，单一药物可有效治疗的感染，一般不采用联合用药。混合感染、严重感染、单一抗菌药物不能有效控制细菌感染时，方可使用两种或两种以上抗菌药。兽医需弄清抗菌药之间的拮抗作用，注意配伍禁忌。

（7）避免抗菌药和细菌性活疫苗同时使用。注射细菌性活疫苗时要停用抗菌药，更不要在疫苗稀释液中加入抗菌药物。一般在注射疫苗 5 d 后方可使用抗菌药物，病情严重的可以提前 1~2 d。

第五章 猪重大疫病

一、非洲猪瘟

非洲猪瘟是由非洲猪瘟病毒引起的烈性传染病。其特征为皮肤变红、坏死性皮炎、内脏器官严重出血、呼吸障碍和神经症状等，死亡率几乎达100%。非洲猪瘟可分为急性、亚急性、慢性及隐形感染等类型。其临床症状与很多猪出血性疾病相似，尤其与猪瘟很难区分，经实验室诊断后确诊。

病猪耳尖皮肤发绀

病死猪耳、胸、腹、前、后腿皮下血肿

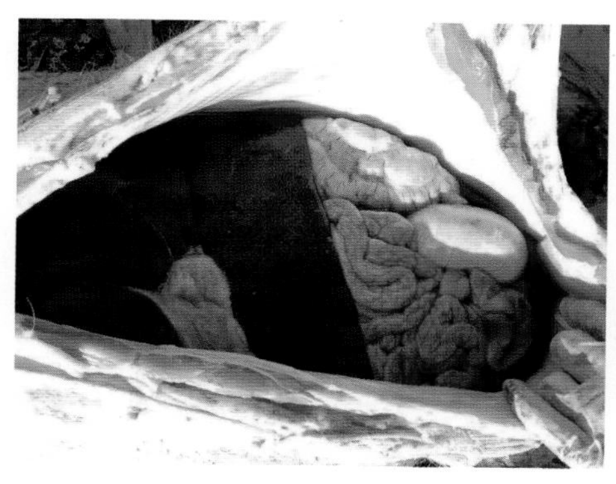

肾脏布满出血点

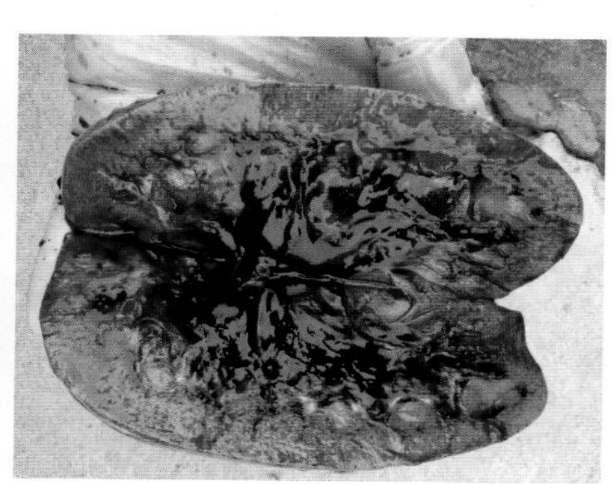

肾脏髓质弥漫性出血

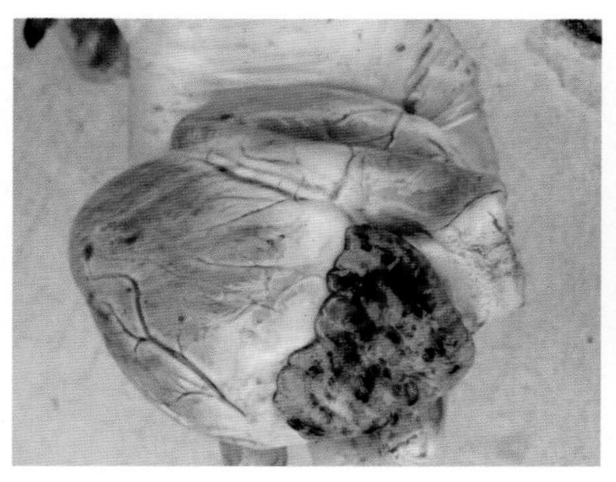

心肌、心耳出血

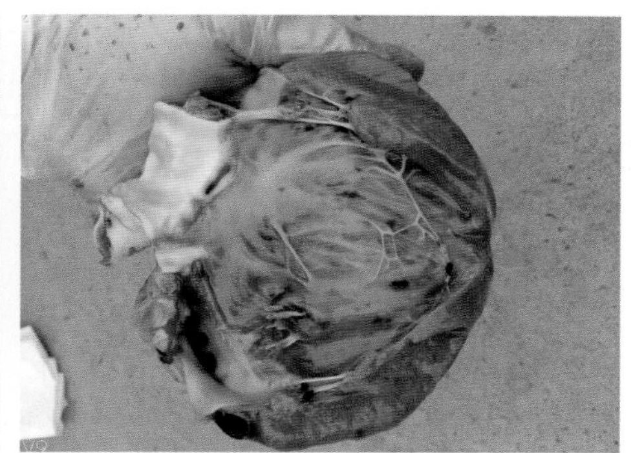

心肌内膜出血

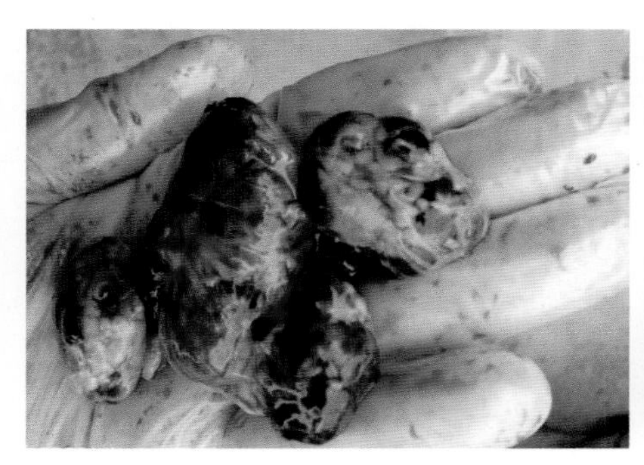

淋巴结出血，呈紫葡萄状

肠道浆膜弥散性出血

1. 流行特点

非洲猪瘟仅发生于猪和野猪。病猪体液、各组织器官、分泌物和排泄物均含有大量感染性病毒。非洲猪瘟病毒是目前发现的唯一 DNA 虫媒病毒，猪虱、隐咀蜱、钝缘蜱等是本病主要的传播媒介，其中软蜱是非洲猪瘟病毒的贮藏宿主。猪是非洲猪瘟病毒唯一的自然宿主。猪群中引进外观健康的感染猪（潜伏病猪），是非洲猪瘟暴发的最常见原因。

2. 临床症状

非洲猪瘟感染潜伏期为 5~9 d，病猪体温升高为 41℃，一直持续到死前 48 h。在持续发热期间，猪只表现极度疲乏，聚堆；咳嗽、呕吐，呼吸困难；皮肤发红，耳、前后肢皮肤发红，出现紫绀；皮肤表面坏死，耳、胸、腹、前、后腿皮下血肿；浆液或黏液脓性结膜炎；部分猪只会出现血性下痢。猪发病后 7 d 左右死亡，急性型会突然性死亡。

3. 病理变化

病死猪无毛、少毛的皮肤充血、出血，因纤维素性血栓导致的血液淤滞性紫红色斑界限分明；全身淋巴结，尤其是内脏淋巴结水肿出血；心包腔、腹腔积液，淡黄色或淡红色；浆膜面常见红色淤斑，有斑点状出血；盲肠黏膜坏死；胃黏膜出血；肾脏有斑点状出血，肾盂乳头出血；脾脏肿胀，呈暗红色。

4. 综合防控措施

防控非洲猪瘟，重点是做好猪群饲养管理工作，做到“五要，四不要”。“五要”：一要减少场外人员和车辆进入猪场；二要对人员和车辆入场前彻底消毒；三要对猪群实施全进全出饲养管理；四要对新引进生猪实施隔离；五要按规定申报检疫。“四不要”：不要使用餐馆、食堂的泔水或餐余垃圾喂猪；不要散放饲养，避免家猪与野猪接触；不要从疫区调运生猪；不要对出现的可疑病例隐瞒不报。

鉴于非洲猪瘟控制难度较大，一旦发现疑似病猪要立即隔离，并彻底消灭疫源。确诊后，立即启动应急响应机制，采取封锁、扑杀、无害化处理、消毒等措施，设置封锁区。

二、猪瘟

猪瘟是由猪瘟病毒引起的，一种急性或慢性、热性、高度接触传染的病毒性传染病。猪瘟病毒属黄病毒科、瘟病毒属。本病发病急，有高稽留热和细小血管壁变性，引起全身泛发性小点出血，脾脏梗死。猪瘟呈世界性分布，不同品种、年龄的猪只均可发病。由于其危害程度较高，对养猪业造成经济损失巨大，被世界动物卫生组织（OIE）列为法定A类传染病。近年来，由于猪瘟病毒疫苗的使用，猪只获得了不同程度的免疫力，症状与病变也不再典型，要正确诊断。

1. 流行特点

猪是猪瘟病毒唯一的自然宿主，病猪和带毒猪为传染源。猪瘟病毒分布于病猪全身器官、组织和体液中，以血液、淋巴结、脾脏含量最高。病猪分泌物和排泄物，病死猪的脏器、污染的饲料、废水，均可传播病毒，不断污染周围环境，感染其他健康猪。猪瘟垂直传播可造成仔猪带毒、持续感染，猪瘟免疫失败。猪瘟病毒可以感染妊娠母猪，造成产死胎、弱胎和木乃伊胎。

2. 临床症状

根据临诊特征，猪瘟可分为急性、慢性和迟发性 3 种类型。急性型猪瘟

病猪精神沉郁，食欲废绝

稽留热和皮肤出血，病程长

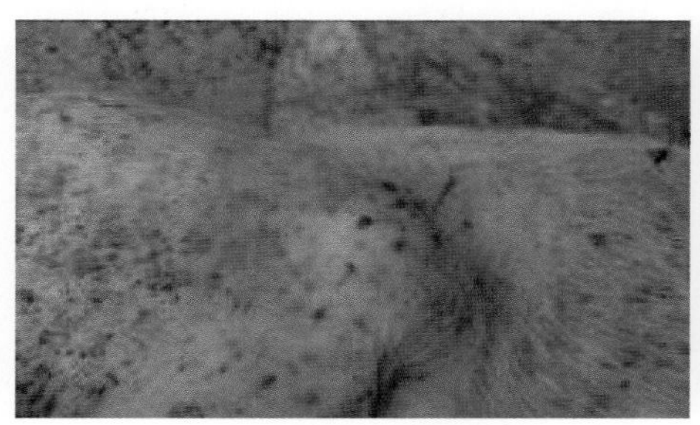
耳部皮肤出现大量出血点

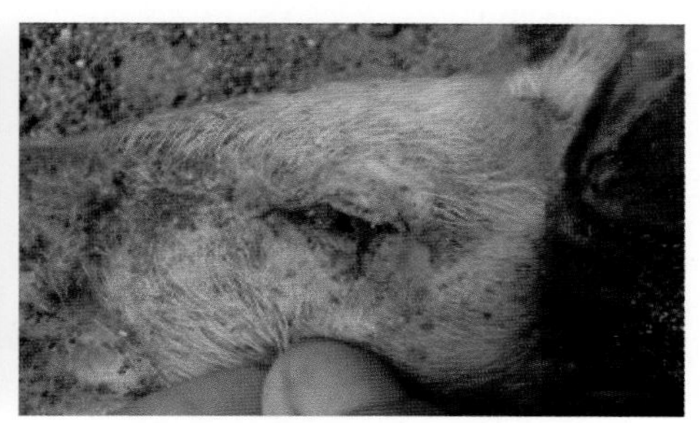
结膜炎，脓性分泌物及眼睑粘连

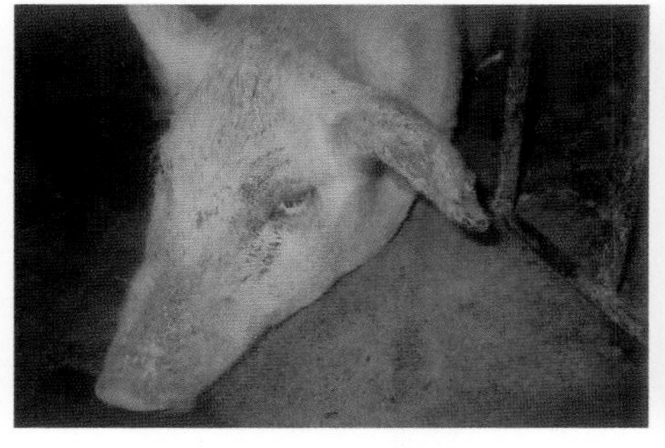
病猪结膜炎，结膜出血

耳朵发绀，后驱麻痹

表现呆滞，行动缓慢，站立一旁，弓背怕冷，食欲减退或废绝。体温升高至41℃，个别可达42℃以上，高稽留热。病猪眼结膜发炎，眼睑浮肿。病猪体温升高，先便秘，后排恶臭稀便。初期病猪皮肤充血，后期变为紫绀或出血，

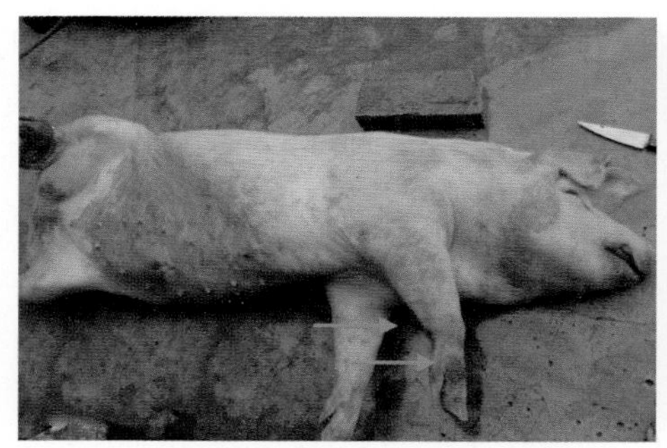

出血斑相互融合，形成大片出血发绀区

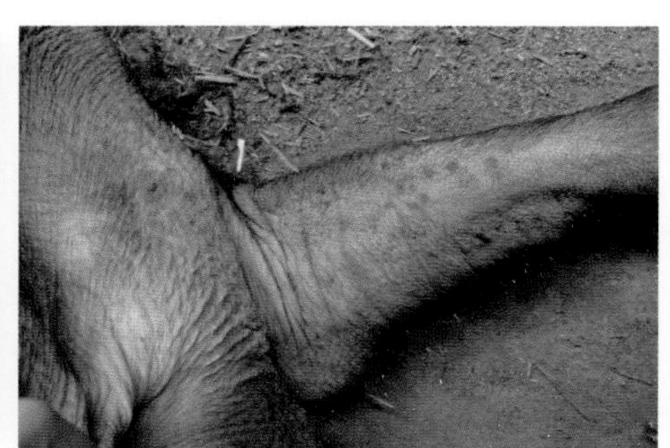

胸前和前肢内侧发绀和出血斑点

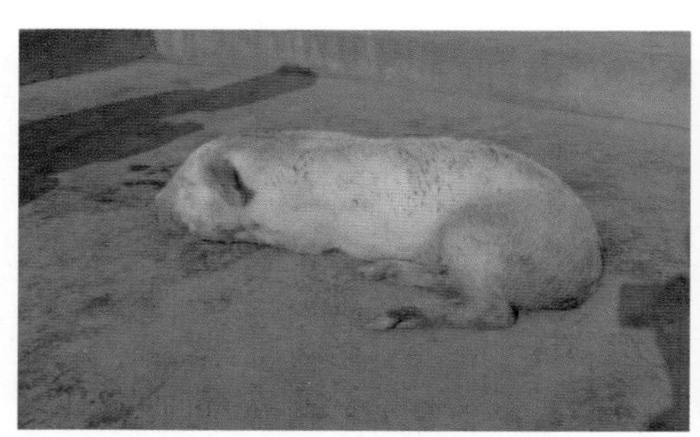

全身发绀，后驱麻痹

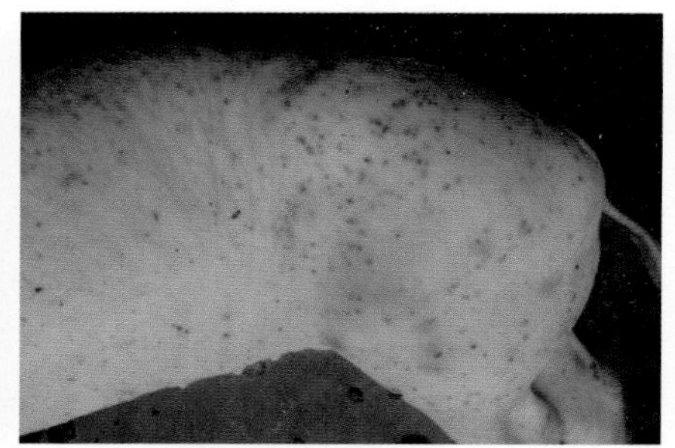

45 日龄发病猪，皮肤苍白、贫血，有大量紫癜状出血斑

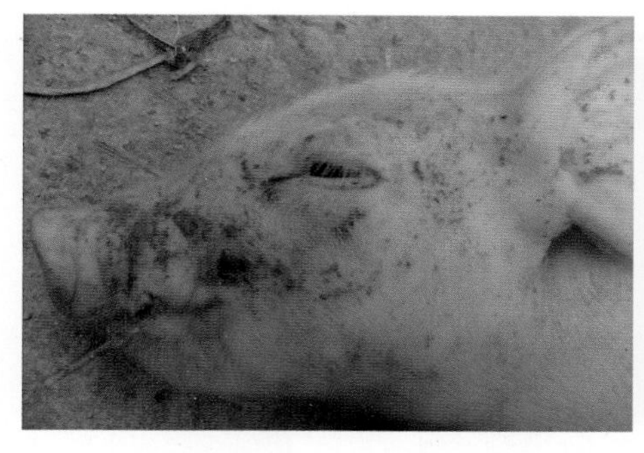

10 日龄发病猪，上下眼睑肿胀发紫

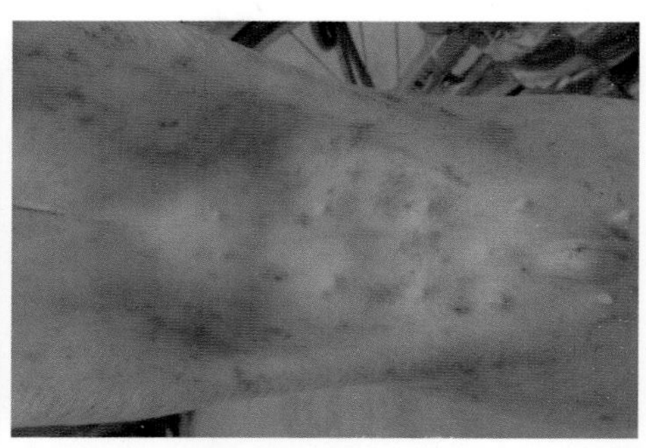

10 日龄发病猪，腹下皮肤苍白、贫血，有紫癜状出红血斑，也有红色出血斑点

以腹下、鼻端、耳根、四肢内侧和外阴等部位常见。慢性型猪瘟的临床症状与急性型猪瘟相似，只是病程稍长。病猪的生长缓慢、发育不良，精神时好时坏，便秘、腹泻交替出现，可存活 1~2 月。迟发性型猪瘟是先天性感染猪

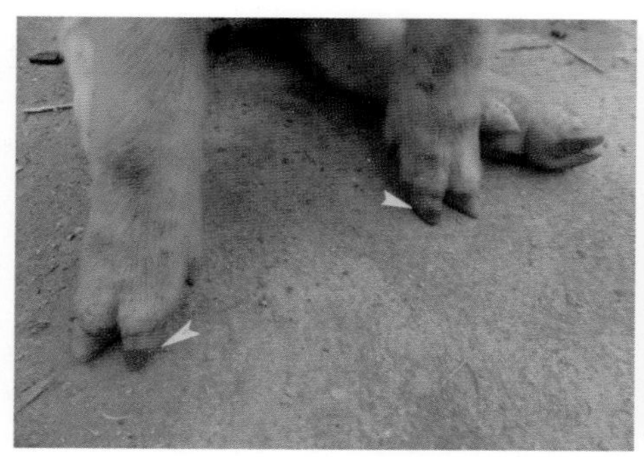

10 日龄发病猪，前肢内侧蹄壳呈紫红色

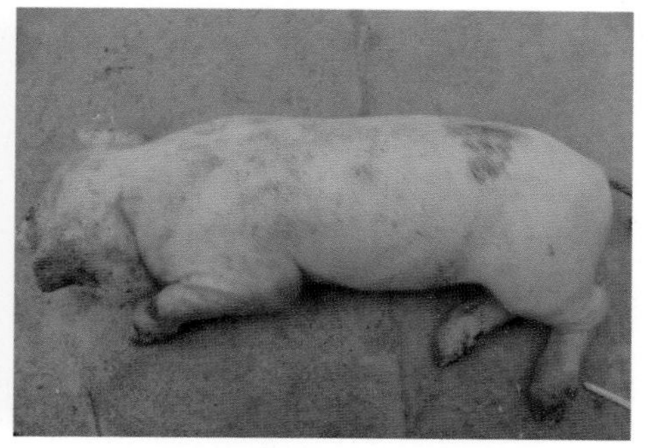

10 日龄发病猪，四肢麻痹

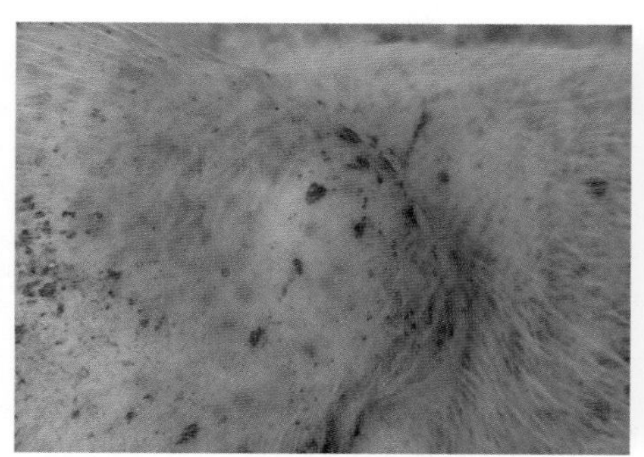

肠型猪瘟，部分病猪耳外侧有出血斑点

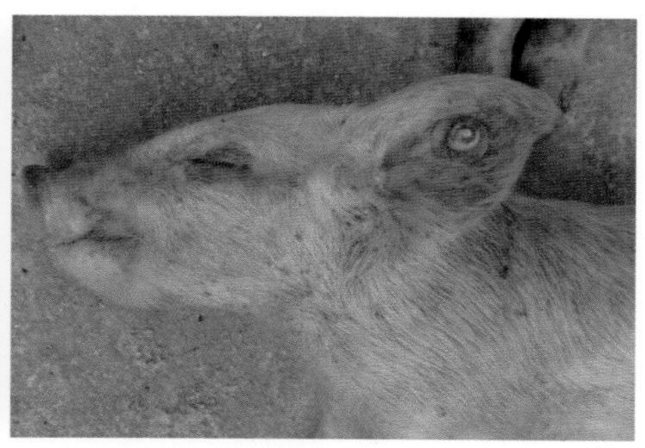

肠型猪瘟，病猪顽固性腹泻，抗生素治疗无效，眼窝塌陷，严重脱水

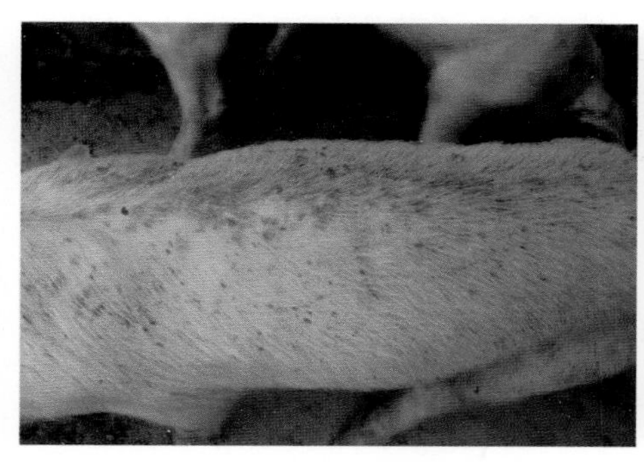

肠型猪瘟，病猪背部可见出血斑

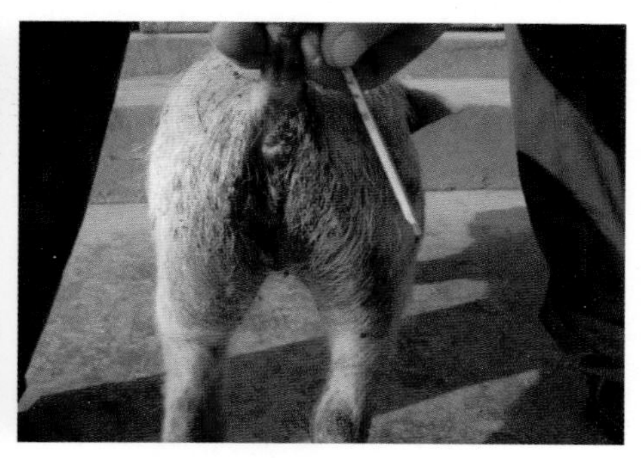

顽固性腹泻和皮肤发绀

瘟病毒，妊娠母猪感染猪瘟病毒后往往不表现临床症状，但可通过胎盘传染，导致流产，产死胎、弱胎、木乃伊胎和畸形胎等。即使仔猪幸存下来，也会出现先天性震颤、抽搐，存活率低。

肠型猪瘟，病猪体温升高，顽固性腹泻。在夏季病猪仍然扎堆

后驱麻痹，包皮积尿

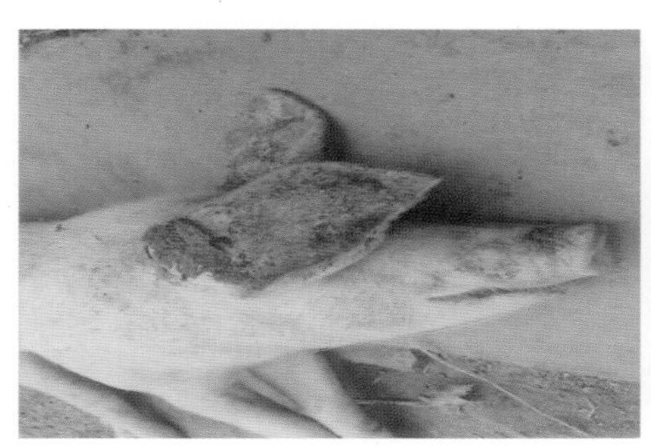

慢性型猪瘟皮肤坏死

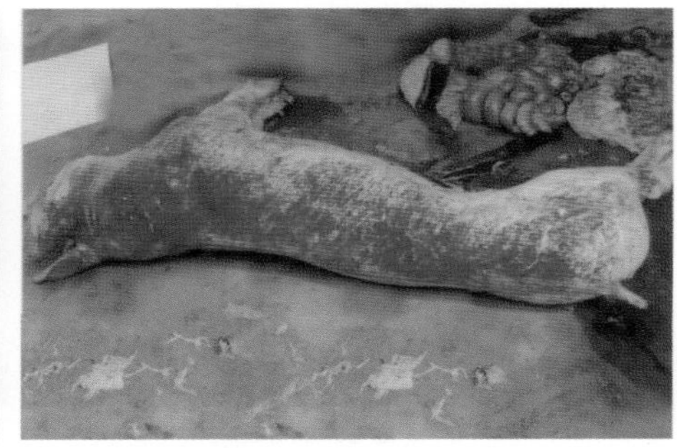

病猪急性死亡后，出现“大红袍”典型症状

迟发型猪瘟，怀孕母猪流产、死胎

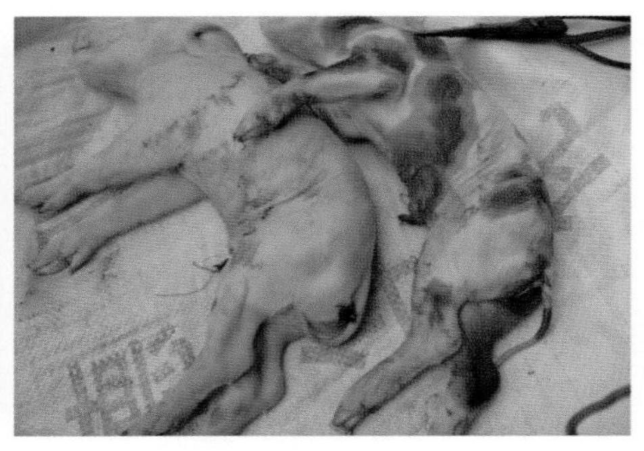

繁殖障碍型猪瘟，母猪产出的死胎

3. 病理变化

（1）急性型：病猪的全身淋巴结，特别是耳下、颈部、肠系膜和腹股沟淋巴结出血、水肿，呈大理石样或红黑色，切面周边出血。肾脏有针尖状出血点或大的出血斑，俗称“花斑肾”。此外，全身浆膜、黏膜和心、肺、

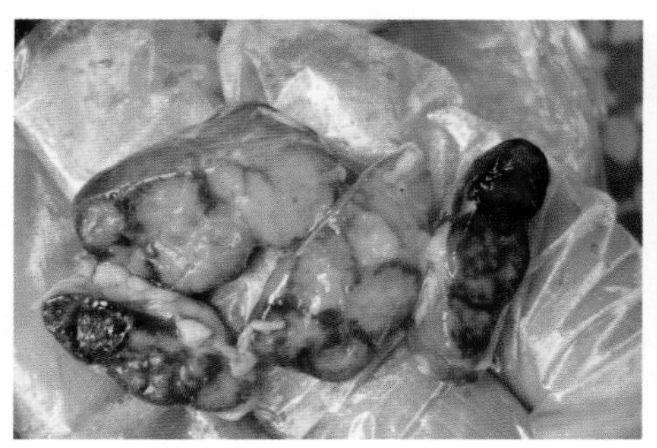

淋巴结周边出血，呈大理石状

肾脏切面密集出血点

肾脏颜色变淡，表面有针尖大小出血点（花斑肾）

肠道黏膜有大量出血点

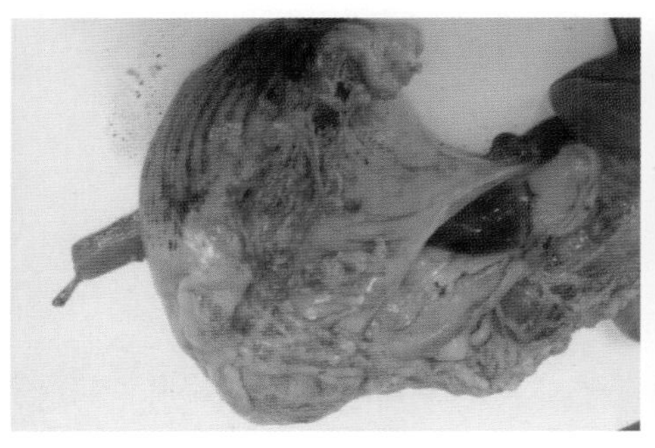

胃浆膜出血

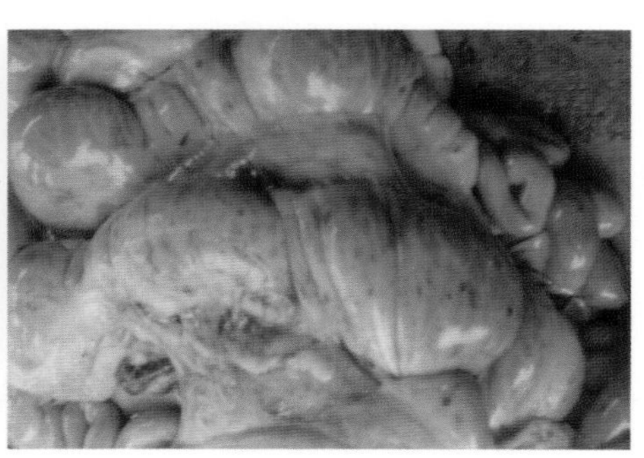

大肠浆膜有大量出血点

膀胱均有出血点或出血斑。脾脏不肿大，但边缘出血性梗死是特征性病变。喉头、咽部黏膜及会厌软骨上有不同程度的出血。

（2）慢性型：全身的出血性变化不明显，但在回肠末端、盲肠和结肠常有特征性的假膜坏死和溃疡，呈纽扣状。

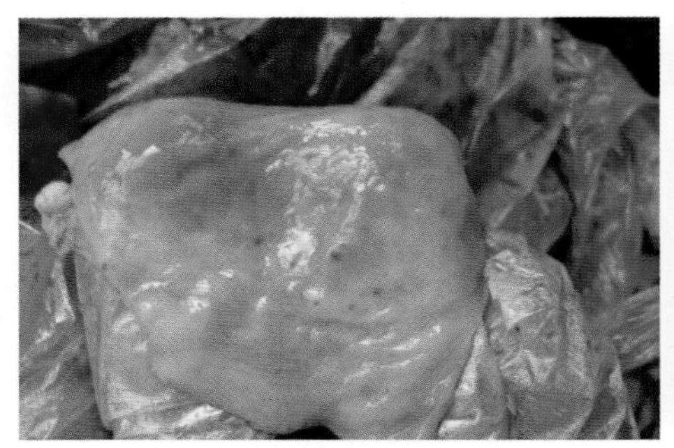

膀胱黏膜点状出血

肺脏切面呈大理石状

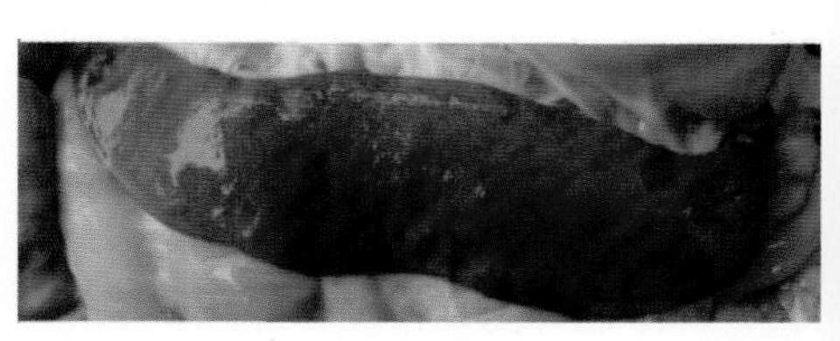

脾脏不肿大，常见边缘出血性梗死，是特征性病变

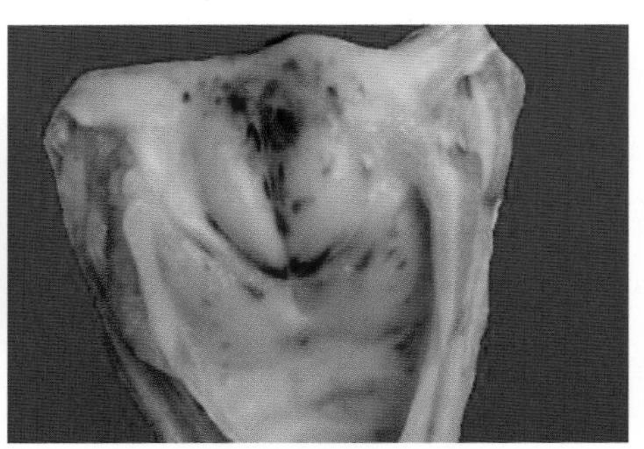

喉头会厌部出血

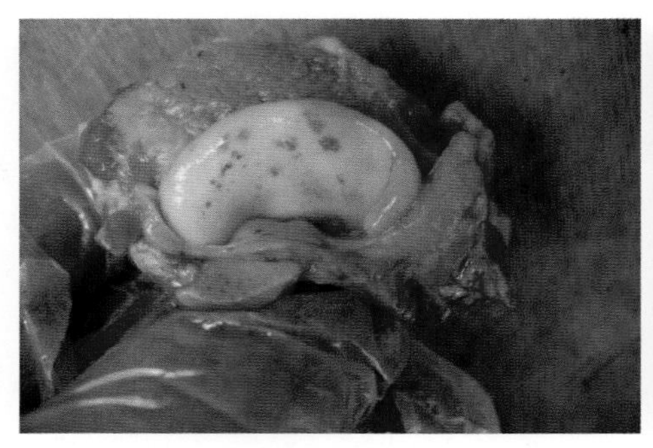

喉头黏膜和扁桃体出血

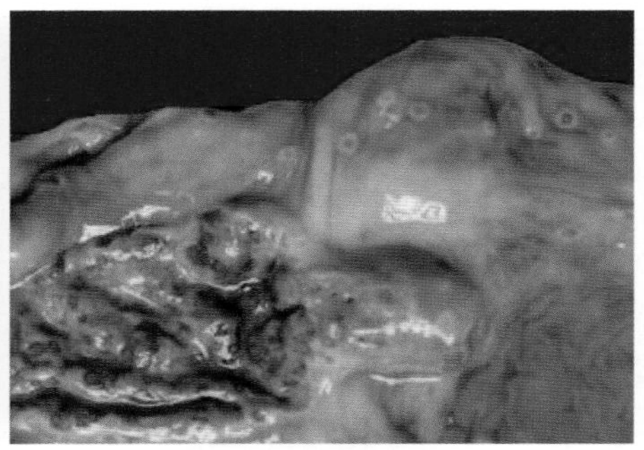

盲肠纽扣状溃疡

（3）迟发型：妊娠母猪流产，产木乃伊胎、死胎和畸形胎。死胎全身性皮下水肿，有腹水和胸水。死亡仔猪的皮肤和内脏器官常有出血点。

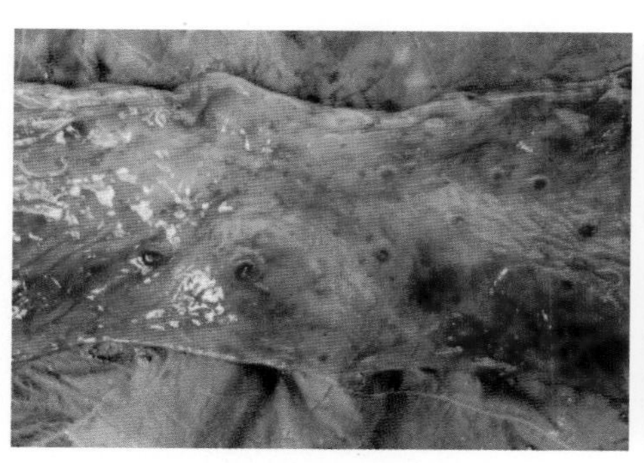

大肠黏膜纽扣状溃疡

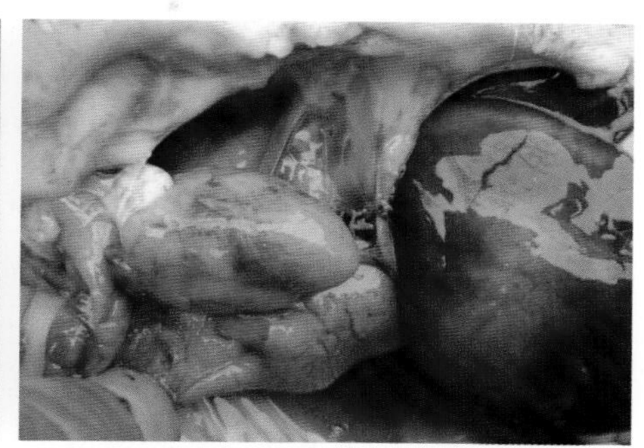

迟发型猪瘟：死胎全身性皮下水肿，胸腔和腹腔积液，心肌出血

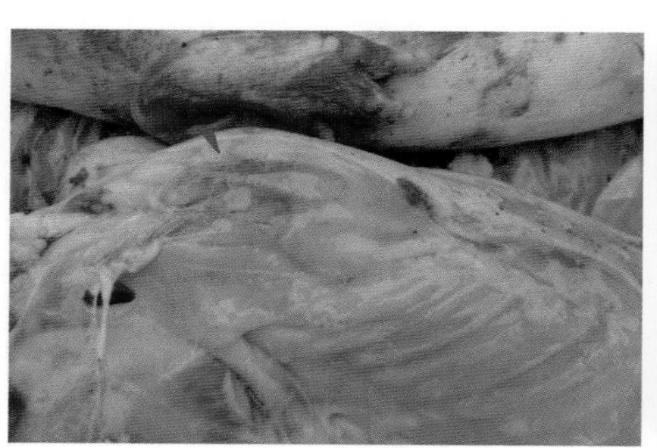

迟发型猪瘟：死亡仔猪胸肌出血

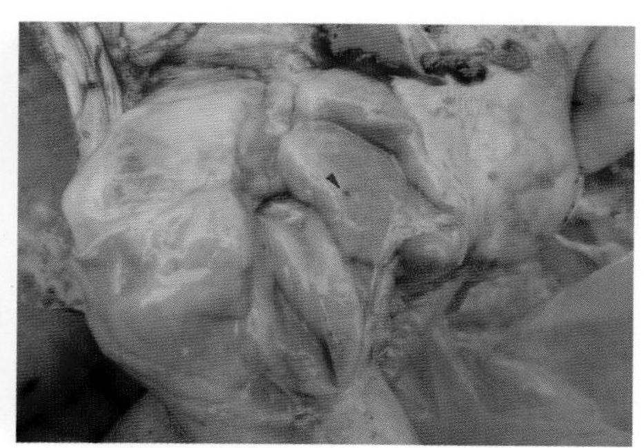

迟发型猪瘟：死亡仔猪腿肌出血

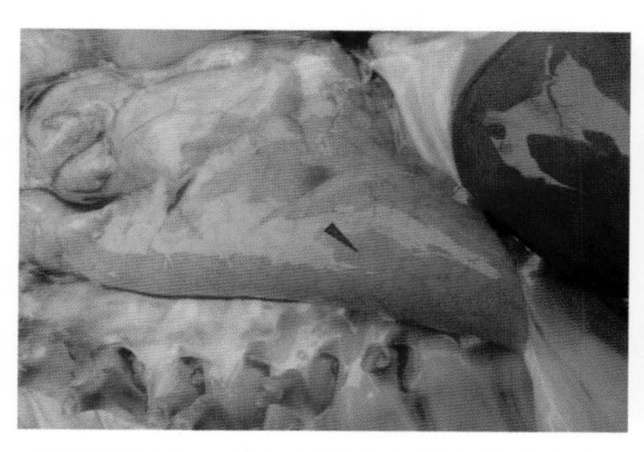

迟发型猪瘟：死亡仔猪肺有针尖状出血点

迟发型猪瘟：死亡仔猪肾出血

迟发型猪瘟：死亡仔猪扁桃体出血

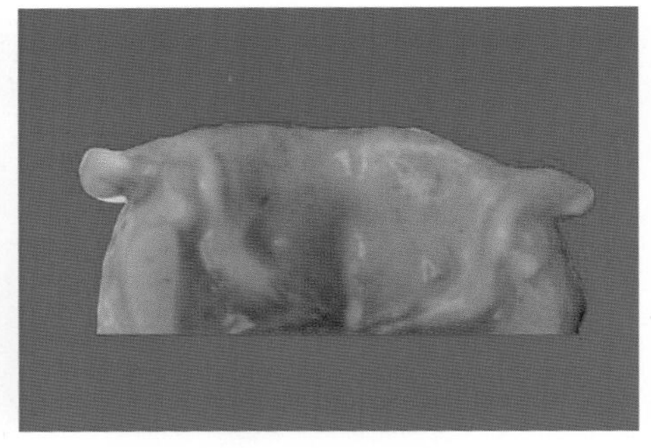

繁殖障碍型猪瘟：产出的死胎喉头黏膜有大量小出血点

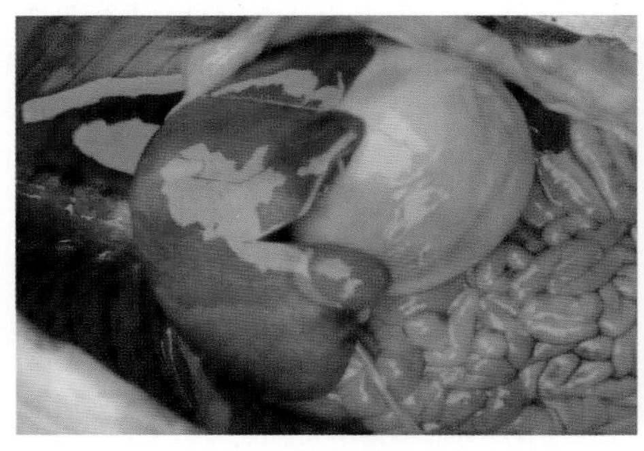

繁殖障碍型猪瘟：产出的死胎肝脏变化

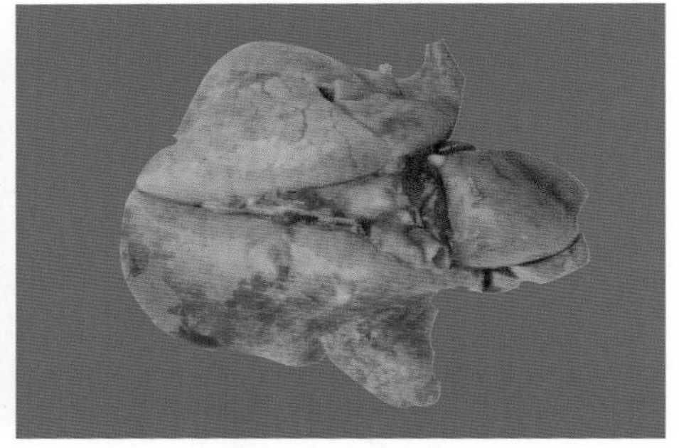

繁殖障碍型猪瘟：产出的死胎肺和心肌出血

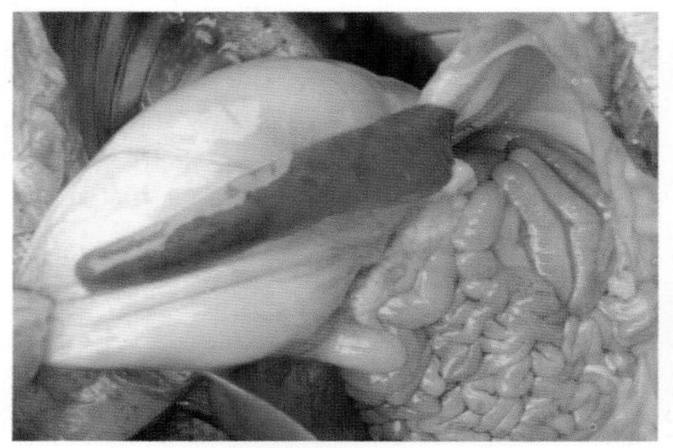

繁殖障碍型猪瘟：产出的死胎脾脏出血

繁殖障碍型猪瘟：产出的死胎肠系膜淋巴结出血

繁殖障碍型猪瘟：产出的死胎肾脏密集出血点

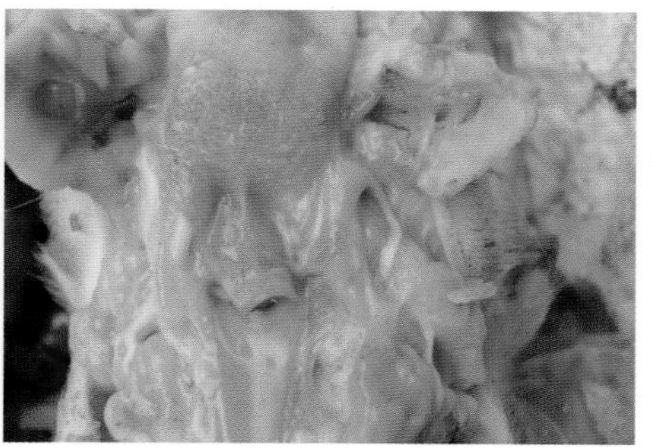

繁殖障碍型猪瘟：产出的死胎会厌部出血

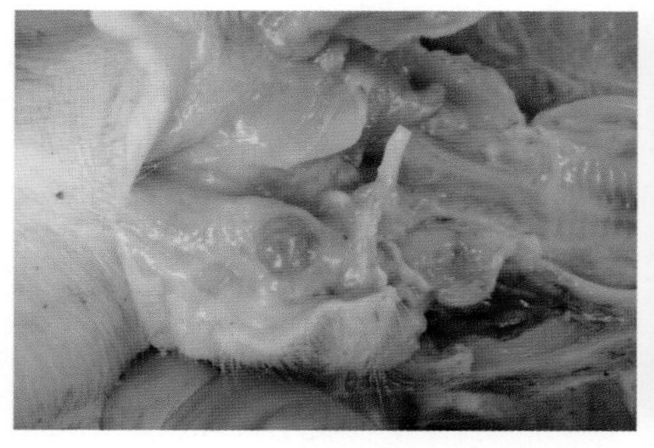

繁殖碍型猪瘟：产出的死胎喉部淋巴结出血

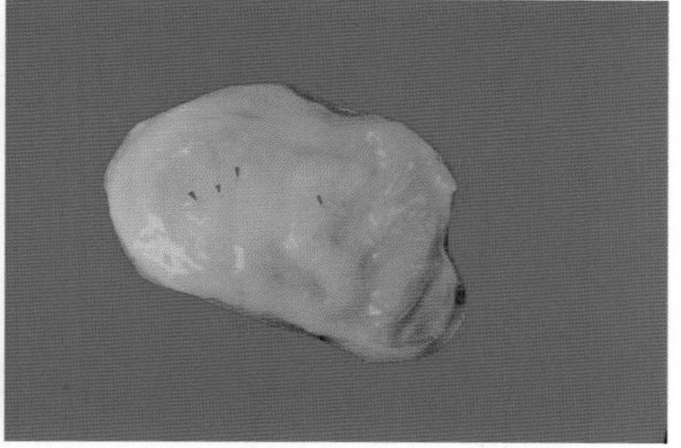

繁殖障碍型猪瘟：产出的死胎膀胱黏膜出血，但出血点模糊

4. 综合防控措施

禁止从疫区引进生猪、猪肉及其产品。定期接种疫苗。新生仔猪应在6周龄免疫一次，5月龄再免疫一次，增强免疫效果。成年种猪每年免疫1~2次，暴发猪瘟时对猪群紧急免疫，注意针头消毒。

三、猪口蹄疫

猪口蹄疫是由口蹄疫病毒引起的一种急性、热性、高度接触性传染病，该病传播迅速，流行面广。本病毒除接触性传播外，还能通过空气远距离传播。口蹄疫病毒目前可分为7个血清型，即A、O、C、SAT1、SAT2、SAT3、Asia Ⅰ型，目前在我国主要以O型为主。

1. 流行特点

在自然条件下口蹄疫病毒可感染多种动物，偶蹄目动物的易感性最高。处于口蹄疫潜伏期和发病期的猪只，几乎所有的组织、器官和分泌物、排泄物等都含有口蹄疫病毒。病毒随同动物的乳汁、唾液、尿液、粪便、精液等排出。早年口蹄疫病流行具有一定的周期性，一般为 4 年大流行一次，但近年来却持续流行，每年都会发生。猪口蹄疫主要以冬、春季发病为主。在规模化猪场，各种应激因素、气候突变等可成为发病诱因。

2. 临床症状

猪口蹄疫潜伏期为 1~2 d，病猪主要以蹄部水疱为主要特征。病程初期病猪体温升高至 41℃，精神沉郁，食欲不振，口腔黏膜、口、舌、唇部形成水疱和烂斑。蹄冠、蹄叉等部位局部发红、微热、敏感，不久就会形成米粒至黄豆粒大小水疱，水疱破裂后出血、糜烂等。严重者蹄匣脱落，患肢不能着地，常卧地不起。哺乳母猪乳房有水疱和烂斑，哺乳仔猪由于患急性肠胃炎和心肌炎而突然死亡。

口流涎，蹄冠、蹄叉红肿、疼痛，跛行，不久形成米粒大或蚕豆大的水疱

站姿异常，震颤和鸣叫

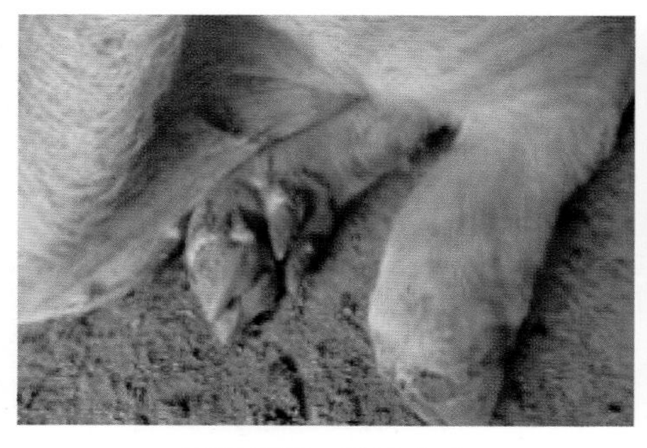

初期蹄冠、蹄叉水疱

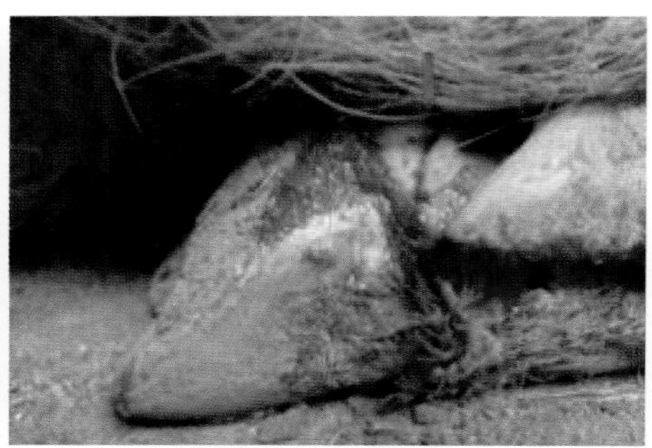

中期水疱破溃、龟裂和出血

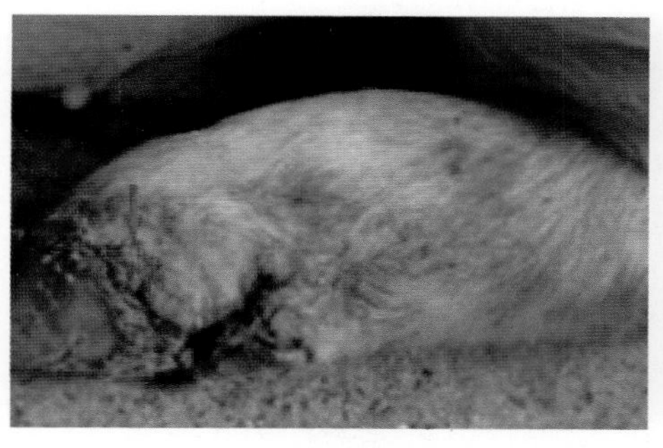

后期结痂

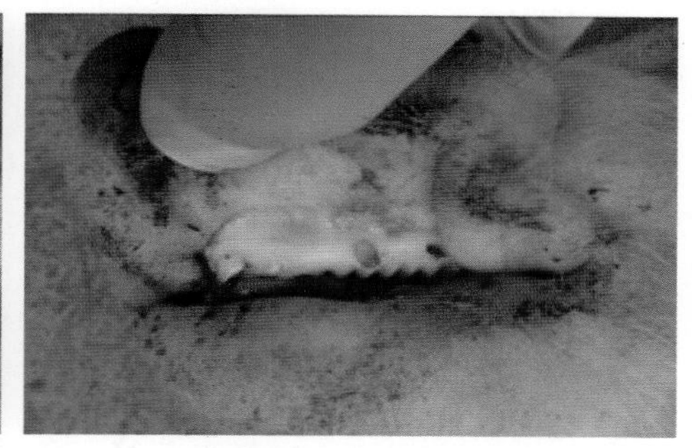

口腔齿龈处水疱溃烂

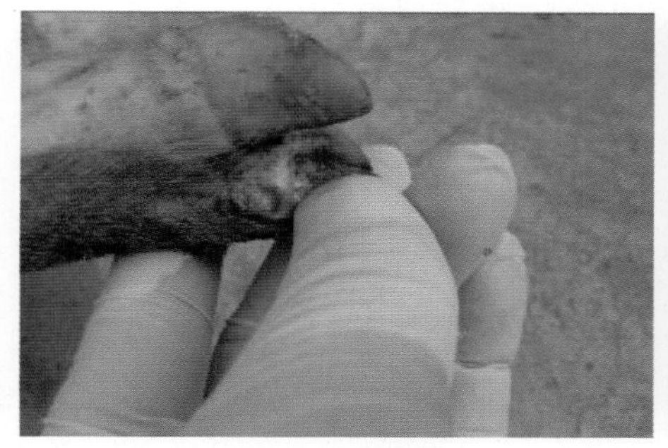

蹄冠水疱溃烂

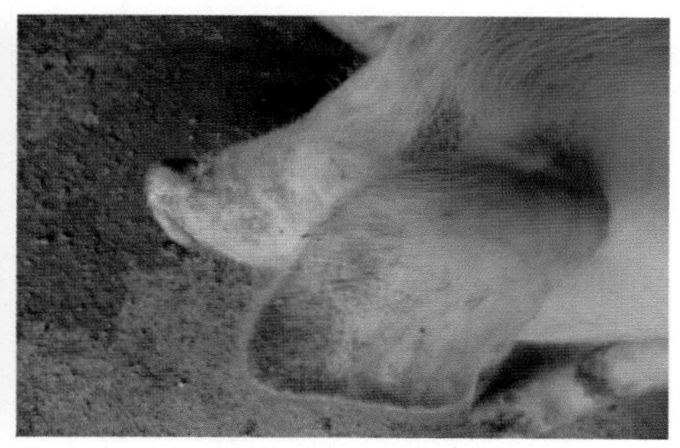

吻突水疱

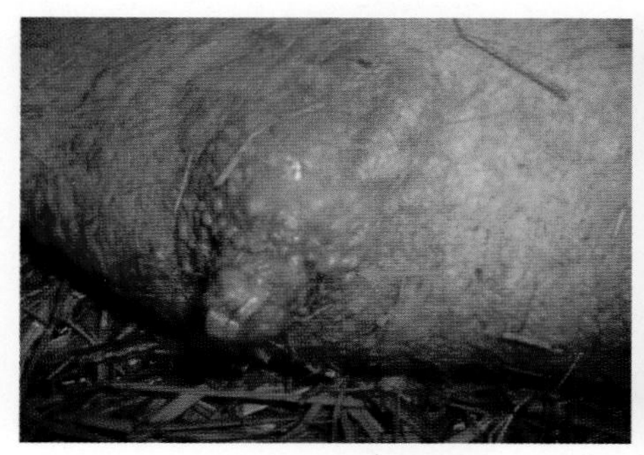

乳房上的水疱病变

母猪分娩后 3 d 发病，此时仔猪尚未发病，12 h 内仔猪全部死亡

3. 剖检变化

除口腔、蹄、乳房出现水疱和烂斑外，在咽喉、气管、支气管也可见到圆形烂斑和溃疡，胃肠黏膜可见出血性炎症。其中，最具有诊断意义的是心脏病变，心包膜有弥散性点状出血，心肌松软，心肌切面有灰白色、淡黄色斑点或条纹的特征性病变，呈“虎斑心”。剖检，除心肌出血外，还可见出血性肺炎和肠炎。

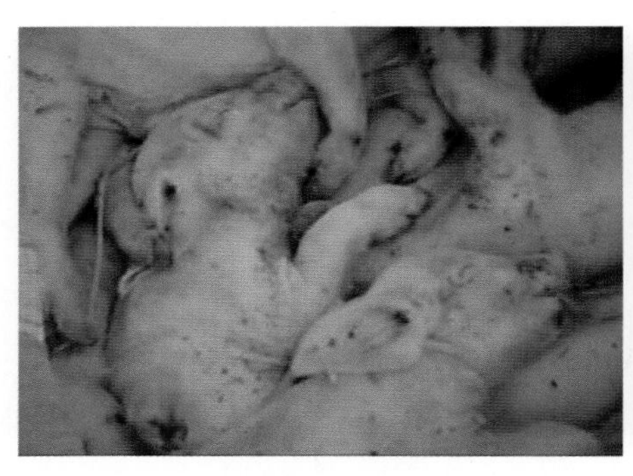

哺乳仔猪由于急性胃肠炎和心肌炎而突然死亡

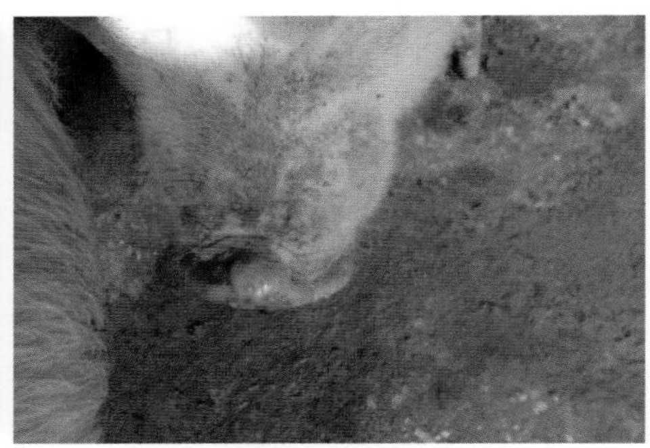

口腔黏膜（包括舌、唇、齿龈、颊黏膜）形成小水疱或糜烂

4. 防治措施

猪场实行封闭式饲养管理，加强猪舍的消毒卫生工作。根据本地区、本场的疾病流行情况，制定科学、合理的免疫程序。不从疫区购置动物产品、饲料等。注意观察猪群状态，一旦发现疫情，及时上报，要严格按照《中华人民共和国动物防疫法》进行无害化处理。

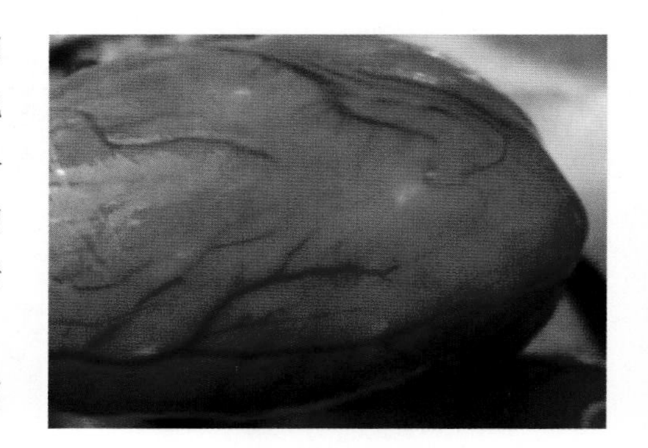

心肌坏死

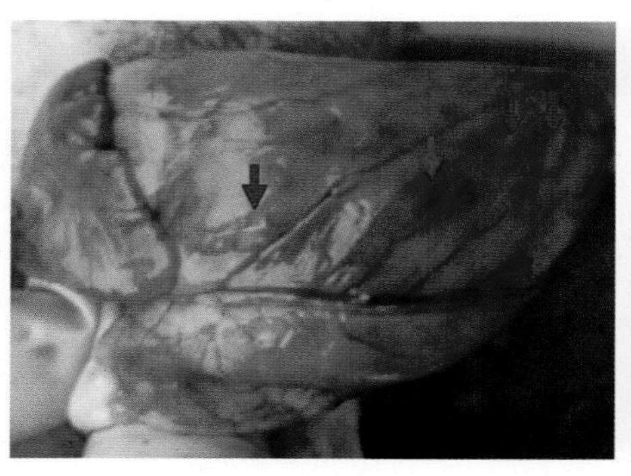

心肌有灰黄或淡黄色斑点条纹，呈“虎斑心”

哺乳仔猪急性死亡，大多只是心肌和肠道出血，一般很少见到“虎斑心”

第六章
猪繁殖障碍疾病

猪繁殖障碍疾病是由于病理因素引起的猪繁殖异常，临床特征为母猪流产，产死胎、木乃伊胎、弱胎、畸形胎，产仔少，屡配不孕和不发情等。本病使治疗费用增加，饲料利用率下降，生猪死亡率上升，严重危害养猪业的健康发展。

1. 妊娠母猪流产，产木乃伊胎、死胎

母猪流产前或有短时体温升高、食欲减少或废绝等症状，但很快恢复。母猪产前胎动减弱或无胎动，产出死胎。死胎发育完全，一般分娩较顺利。有的母猪产仔不足，部分胚胎在早期感染死亡后被母体吸收，导致产仔数减少，一般产仔数在 5 头以下。母猪妊娠期正常，分娩顺利，常产木乃伊胎。胎儿肢体干缩，但形体可辨，呈棕黄或灰黑色，胎膜污灰色，常有腐臭味。

2. 初生仔猪为弱仔、畸形胎，表现先天性肌震颤

初生仔猪生活力弱，不吃奶或拱奶无力，站立不稳，哀鸣，有的腹泻，体温正常或稍低，常于出生后 1~3 d 死亡。有的新生仔猪第一天还好，第二天出现全身或局部肌肉阵发性挛缩，称为“新生仔猪先天性肌震颤”，纯种或杂种仔猪都可发生。大部分病仔猪由于震颤不能吃奶而饿死。

3. 母猪不育症

适配母猪数月内不发情或发情周期紊乱，即使发情，经屡次配种也不能受孕。有的猪场春季发生母猪死产、死胎或新生仔猪大量死亡后，秋季又发生母猪配不上种，返情率高达 90%，母猪空怀造成严重经济损失。

母猪繁殖障碍疾病的病因比较复杂，以病原微生物感染发病率最高，危害最大。细菌性疾病主要有猪布鲁杆菌病、猪衣原体病和猪钩端螺旋体病等；病毒性疾病主要有猪伪狂犬病、猪繁殖与呼吸综合征、猪圆环病毒病、猪细小病毒病、猪乙型脑炎、非典型猪瘟等；非传染性因素主要有母猪霉菌毒素

中毒、流产和难产、乏情、胚胎早期死亡、子宫内膜炎、产后瘫痪、乳房炎、无乳综合征等。

一、猪繁殖与呼吸综合征

猪繁殖与呼吸综合征（蓝耳病）是由猪繁殖与呼吸综合征病毒（PRRSV）引起。美国于20世纪80年代首先报道了该病。临床表现为母猪严重的繁殖障碍，断奶仔猪普遍发生肺炎、生长迟缓，死亡率增加，有耳端发蓝等症状。1995年，我国北京地区首次暴发该病。2006年，我国出现了高致病性猪繁殖与呼吸综合征病毒，引发的高致病性蓝耳病造成了巨大经济损失。高致病性PRRS毒株感染后，临床具有高体温、高发病率和高死亡率的“三高”特点。

1. 流行特点

PRRSV在自然感染流行中只感染猪，不同日龄和品种的猪均可感染。PRRSV的主要传染源为发病猪和带毒猪，病毒可随病猪的鼻液、唾液、乳汁、精液、粪便和尿排出，经鼻腔、肌肉、口腔、子宫和阴道等途径直接感染健康猪。试验表明，猪对胃肠道感染具有较强的抵抗力，病毒主要经胃肠道以外的途径感染，包括伤口、刮伤和猪只撕咬，剪耳、断尾、修牙、打烙印、注射药物等途径。

健康猪可通过接触被病猪污染的圈舍、污泥、饲料、饲草、用具、饮水及污水等间接感染，苍蝇、蚊子也能传播PRRSV。PRRSV能够经过病母猪的胎盘屏障感染胎儿，导致产死胎、弱胎，仔猪带毒。

PRRSV最为重要的流行病学特征是持续性感染。病毒感染生长育肥猪后，病毒血症在7~14 d达到高峰，然后下降，约持续存在28 d。病毒主要感染肺脏巨噬细胞，病猪出现急性呼吸道症状。随后病毒血症消失，病毒在淋巴组织的单核巨噬细胞中增殖。病毒感染100 d后仍能从淋巴结中分离到病毒，随后病毒浓度在宿主体内逐渐下降，到感染后200 d病毒消失。持续性感染的猪，通过扁桃体脱落物轻易地将病毒传给健康猪。

2. 临床症状与剖检变化

同一猪场PRRS的临床症状基本相同，猪群之间PRRS的临床表现差异较大，随被感染猪的年龄、免疫状态、毒株的毒力、并发感染和管理因素的不同而变化。

（1）母猪症状：PRRSV 导致母猪流产，持续时间短则 10~12 周，长则 4~6 个月。如果妊娠后 3 个月的母猪感染 PRRSV，则会表现流产、早产、胎儿自溶和木乃伊胎等典型特征。该病有“流产风暴”之说，该病毒所到之处母猪频频流产，繁殖能力急剧下降。

仔猪耳端蓝紫色并出现呼吸道症状

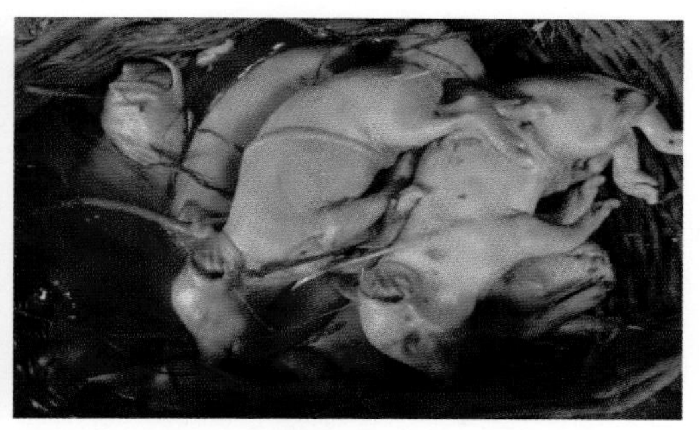

妊娠后期死胎

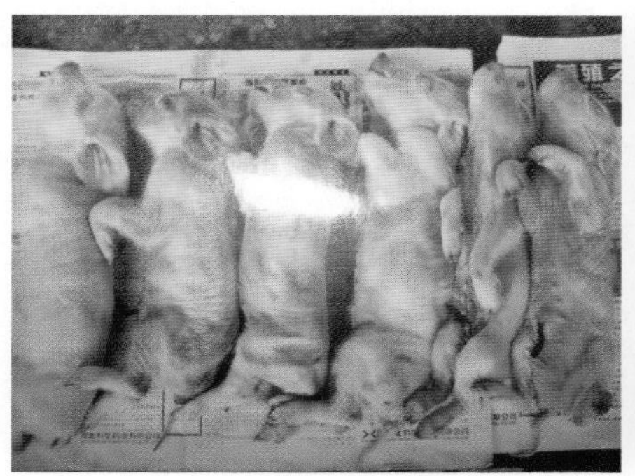

早产仔猪生后数天即死

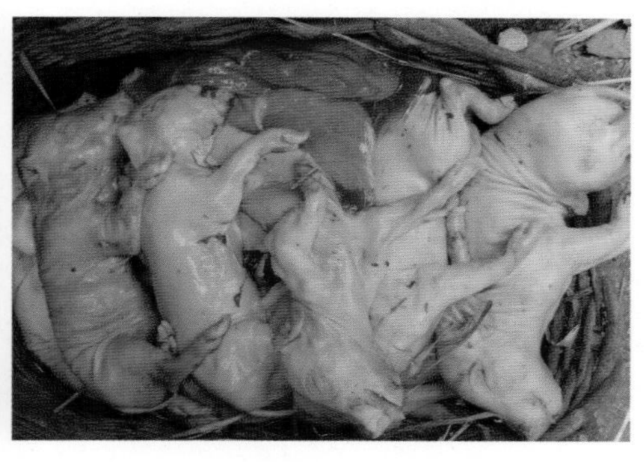

产下较均匀死胎

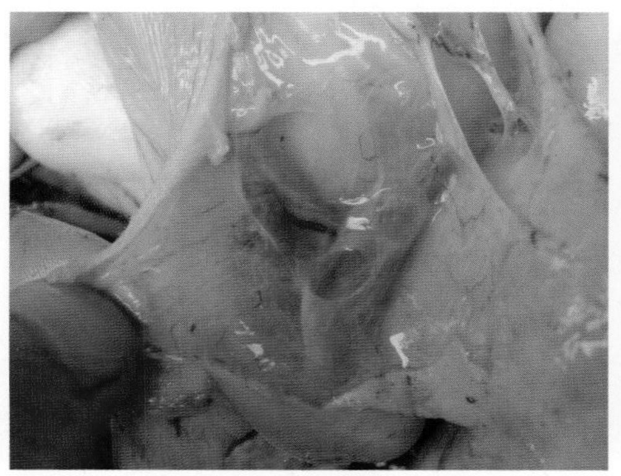

新鲜死胎皮下水肿

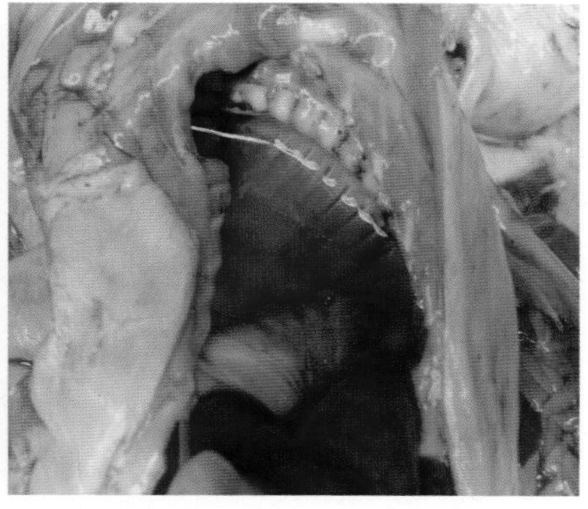

新鲜死胎腹腔、胸腔和心包腔清亮，液体增多

（2）仔猪症状：感染 PRRSV 的新生仔猪，表现呼吸困难、急促，眼周及眼睑水肿，体温升高，皮肤红斑，蓝耳，食欲不振，腹泻，毛发粗乱等症状。患病仔猪临床症状差异较大，呼吸困难、急促是典型症状。新生仔猪患病率和死亡率可达 100%。

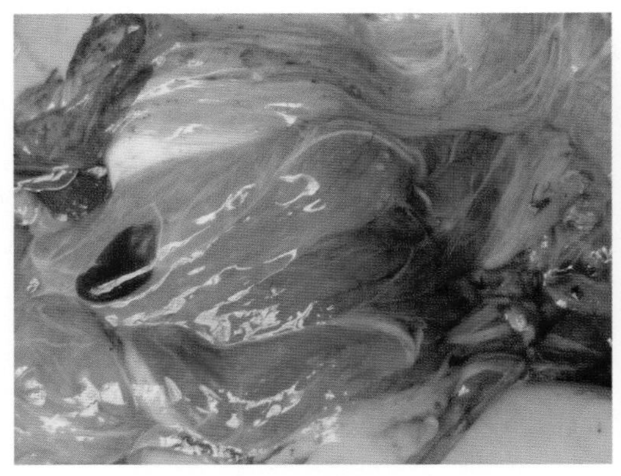

胎盘出血性炎症

喉头充血

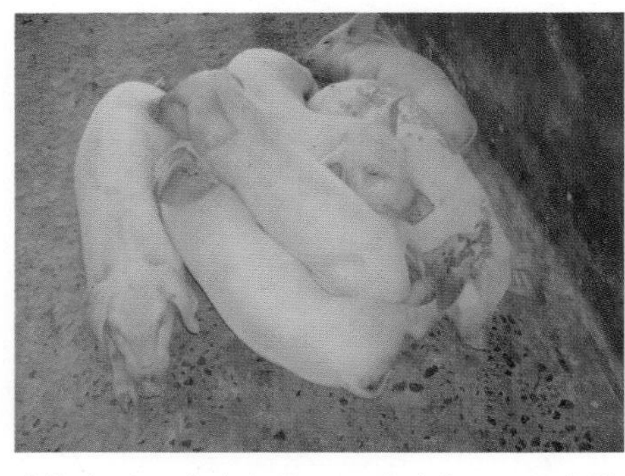

断奶仔猪：发病突然，眼睑肿胀，耳朵发绀

病猪体温升高、口渴，饮水器前拥挤抢饮，致使地面积水

眼睑肿胀，耳朵发绀

皮肤由红色变成紫红色，进而出现紫色斑点

（3）育肥猪和公猪症状：育肥后期仔猪症状较轻，常表现为体温升高、厌食、呼吸困难、精神不振等症状；公猪感染后表现厌食、嗜睡、发热和呼吸症状，同时精液质量下降。

（4）高致病性蓝耳病症状：临床上以“三高”为特征，即高体温、高

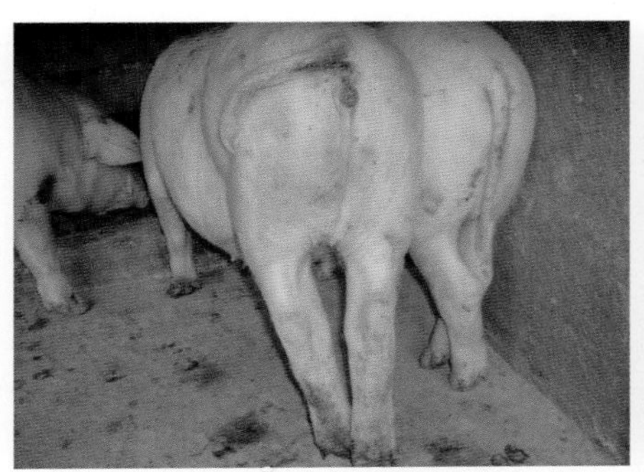

臀部发绀，行走时后肢不稳

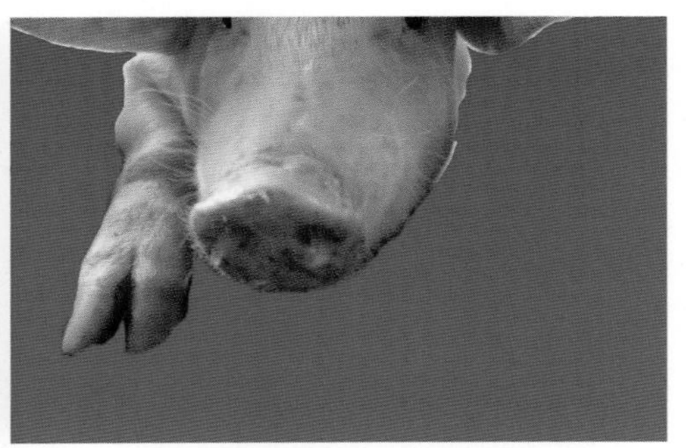

鼻炎，有黏液或脓性鼻液

轻度类似流感症状，暂时性厌食和轻度呼吸困难，采食量稍低，增重缓慢，耳发绀

母猪在妊娠 100~112 d 流产或早产，流产母猪皮肤有淤血

肾淤血，有出血点

肺肿大并出血

发病率和高死亡率。病猪出现41℃以上持续高热，不分年龄段均有急性死亡，发病率可达100%，死亡率可达50%以上，母猪流产率达30%以上。临床症状为发热，厌食或不食，耳部、口鼻部、后躯及股内侧皮肤早期发红、后期发绀，伴有结膜炎、咳嗽、气喘等呼吸道症状，后躯无力，行走困难，不能站立，有共济失调等神经症状。

气管充血，内积有泡沫状液体

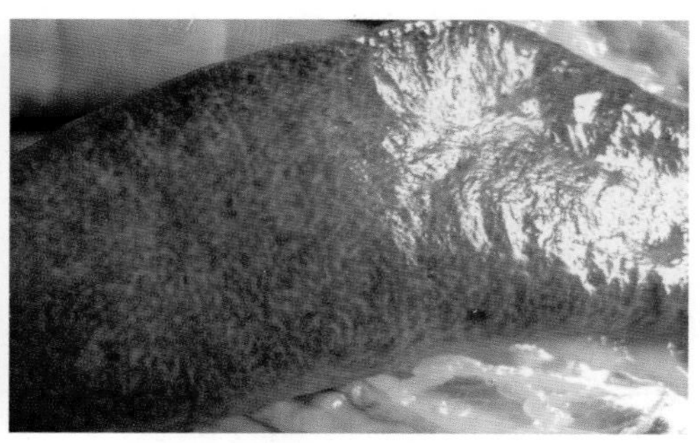

脾脏肿大，有坏死点

大部分病例肠浆膜划痕状出血

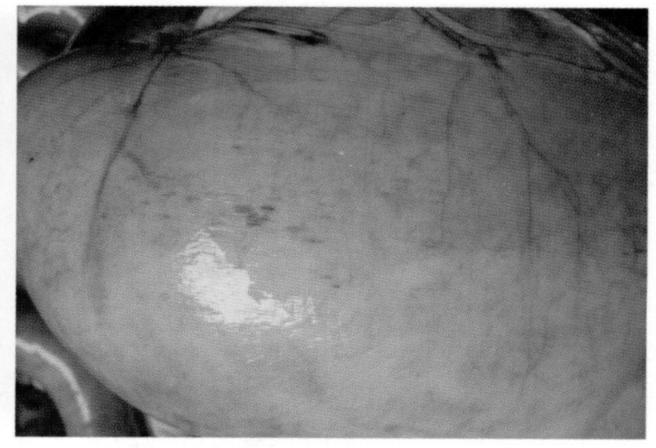

大部分病例胃浆膜有划痕状出血

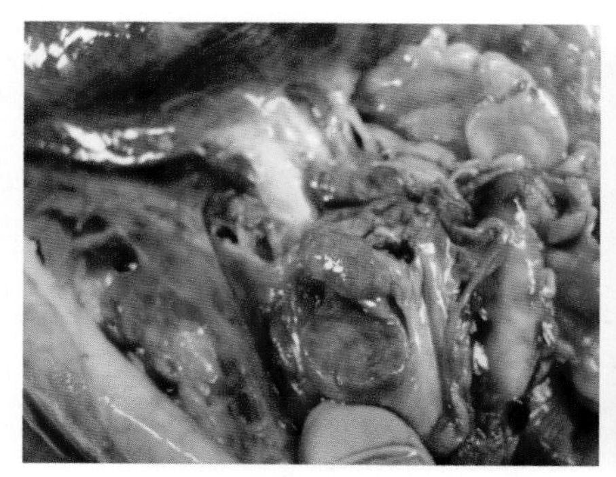

淋巴结髓样肿大

肝脏表面有出血斑点

3. 疾病诊断

根据临床症状和剖检变化可以作出初步诊断，注意与猪瘟、流行性乙型脑炎、细小病毒病、伪狂犬病等的鉴别诊断，利用病原分离、免疫荧光染色（IFA）、ELISA、RT–PCR 等实验室技术确诊。鉴别猪繁殖和呼吸综合征病毒高致病性与经典毒株复合 RT–PCR 方法的国家检测标准是 GB/T 27517–2011。

4. 综合防控措施

本病是一种接触性传染病，传染性强，危害大，严重威胁养猪业的发展。对于种猪场和 PRRS 隐形的猪场不建议使用 PRRS 弱毒疫苗，对于仔猪和育肥猪可合理使用 PRRS 弱毒疫苗免疫接种。对蓝耳病母猪要及时淘汰。

改善饲养管理条件，做好驱虫、消毒、通风、防暑、降温和环境卫生等工作；提供充分清洁的饮水，保持合理的饲养密度，降低应激因素。保证饲料中维生素和微量元素等的含量，提高猪群抗病能力。

猪场采用“全进全出”的养殖模式，实行封闭式管理，严格执行动物防疫制度。坚持自繁自养，不从疫区调入种猪，引进的种猪要采取严格消毒、隔离、检疫等生物安全措施。

妥善处理死胎和病死猪，进行深埋、焚烧等无害化处理。治疗病猪常采用降温，防止继发感染，提高猪体免疫力等综合措施。如复方花青素、阿莫西林加阿司匹林饮水 3~5 d，采用复方黄芪多糖或清开灵注射液、头孢噻呋加猪用干扰素，肌肉注射（注射剂量按使用说明）。

二、猪圆环病毒病

猪圆环病毒病是一类由圆环病毒 2 型（PCV2）引起的，表现呼吸道症状的一类传染性疫病的统称，主要包括断奶仔猪多系统衰竭综合征（PMWS）、猪皮炎与肾病综合征（PDNS）、猪呼吸道病复合征（PRDC）、猪的流产和死亡综合征（SAMS）、猪增生性和坏死性肺炎（PNP）和猪先天性脑震颤（CT）等。我国在 2005 年最先报道，现在已成为感染猪群的主要疫病，对养猪业造成了巨大的经济损失。

猪圆环病毒包括非致病性猪圆环病毒 1 型（PCV1）、致病性猪圆环病毒 2 型（PCV2）和猪圆环病毒 3 型（PCV3）。2019 年，有学者报道在中国湖南省发现了新圆环病毒，暂定为猪圆环病毒 4 型（PCV4）。

1. 流行特点

猪是 PCV2 的天然宿主，不同日龄和性别的猪都可以感染，以哺乳期和育成期猪最易感，尤其是 5~12 周龄仔猪，一般于断奶后 2~3 d 开始发病。有学者发现猪的品种与感染强度有关，长白猪阳性率为 44.83%，杜洛克猪为 33.33%，大约克夏猪介于其间。

病猪和带毒猪是主要的传染源，可经粪 – 口水平传播，也可经胎盘垂直传播。PCV2 可隐性感染和持续性感染，在猪群中长期存在。

2. 临床症状与剖检变化

（1）断奶仔猪多系统衰竭综合征（PMWS）：新发猪病，可引起渐进性消瘦、呼吸道症状、淋巴系统疾病及黄疸，造成病仔猪免疫抑制，生产性能降低。5~12 周龄的断奶仔猪多发病，一般于断奶后 2~3 d 开始发病。病仔猪进行性消瘦、皮肤苍白、呼吸困难、厌食、精神沉郁、被毛粗乱，出现呼吸障碍。10%~20% 仔猪皮肤和可视黏膜有黄疸，死亡率增加。体表淋巴结特

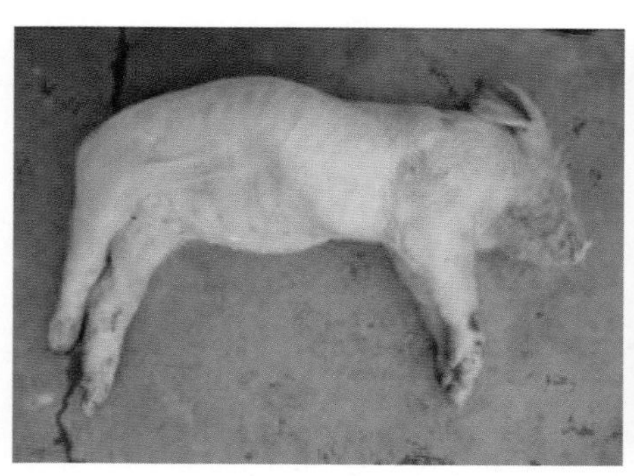

仔猪逐渐消瘦、弓背

四肢皮下水肿

腹股沟淋巴结灰白色、肿大

病猪呼吸困难、喜卧、腹泻

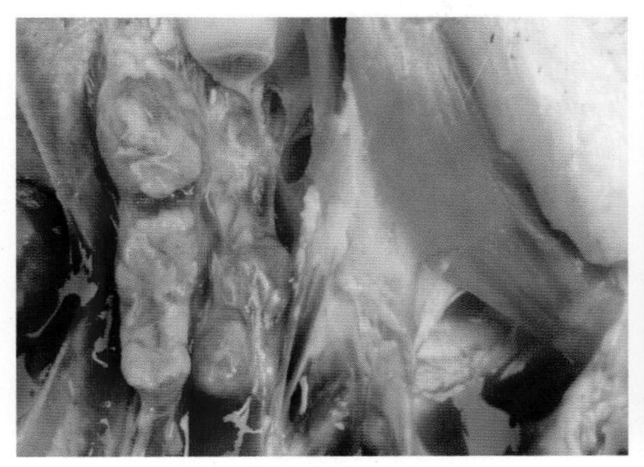

淋巴结水肿，切面多汁

肠系膜、淋巴结水肿

别是腹股沟浅淋巴结肿大，有的还表现腹泻和中枢神经症状。其他临床症状还有咳嗽、发热、胃炎、脑膜炎，突然死亡。

（2）猪肾病与皮炎综合征（PDNS）：PDNS 是一种新发的、致死性疾病，能够感染 14~70 kg 断奶仔猪和育肥猪，发病率仅为 1%，甚至更低。PDNS 通常零星发生。该病以皮肤和肾脏的病变为主。病猪食欲减退，有时体温上升，皮下水肿。皮肤有圆形或不规则形隆起，呈红色或紫色、中央发黑的斑块。破损皮肤常融合成大块。通常病变先发生在后肢、腹部，然后向胸、耳扩展。剖检，可见双肾肿大、苍白，有出血点。特征性的组织病变为出血性、坏死性皮炎和动脉炎，纤维蛋白坏死性肾小球肾炎和间质性肾炎，并因此出现胸水和心包积液。猪皮炎和肾病综合征与经典猪瘟相似，应进行鉴别诊断。

PDNS 以皮损为典型特征

病猪皮肤淤血点或淤血斑融合，呈现紫红色、凹凸不平的“癞蛤蟆”状外观

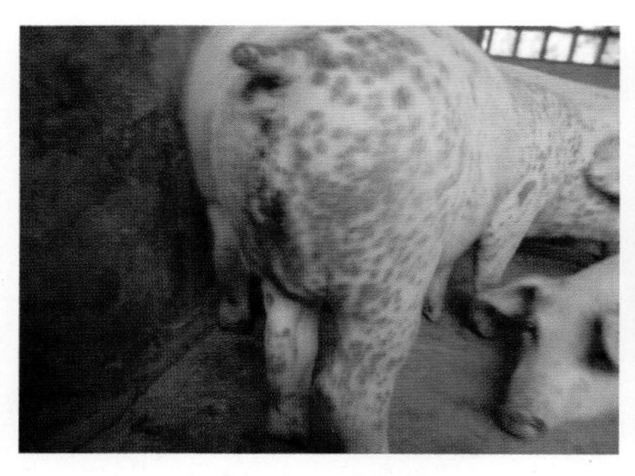

皮肤损害，后驱较重

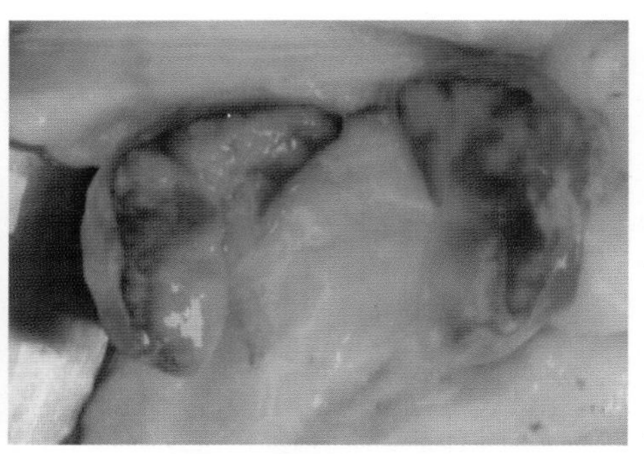

腹股沟淋巴结白色、水肿，周边呈黄色

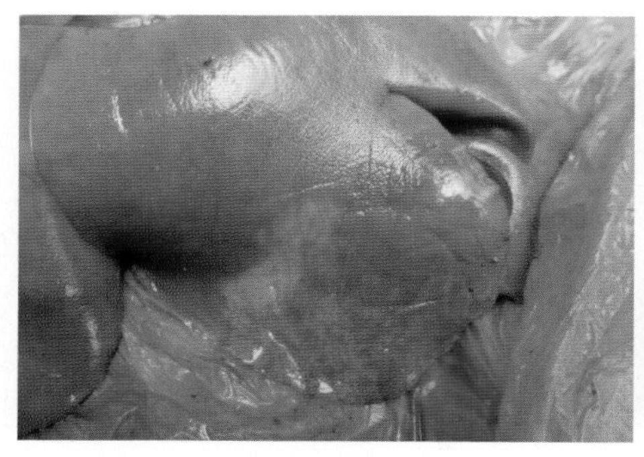

肝脏由浅黄到橘黄色，萎缩

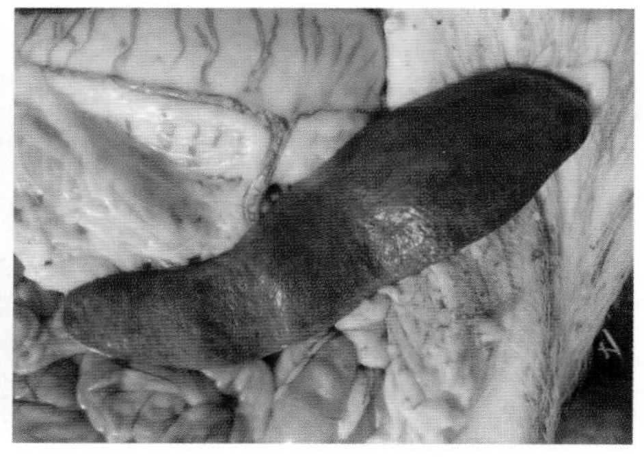

脾脏肿大，脾头出血

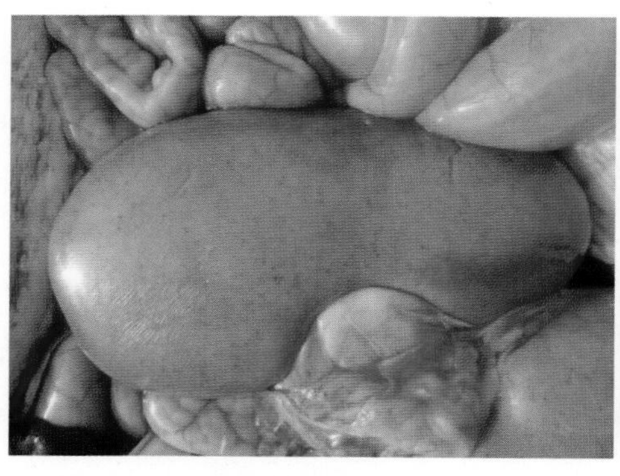

肾苍白、黄染

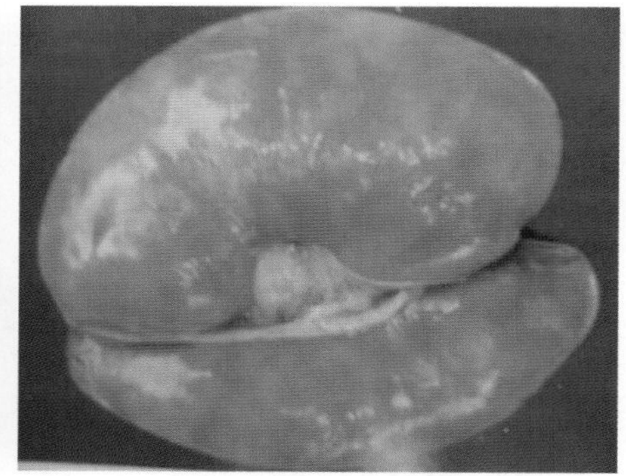

肾水肿、花斑状

（3）仔猪先天性震颤（CT）：3周龄仔猪，因痉挛而步态异常，从双耳、被毛和尾等处发抖，发展到全身肌肉有节奏性扭摆，后肢严重痉挛，呈跳跃运动等，欲称“仔猪跳跳病”或“仔猪抖抖病”。母猪无明显的临床症状。仔猪的阵发性痉挛症状轻重不等，全窝仔猪发病则症状严重；若一窝中只有部分猪发病，则症状较轻。仔猪双侧性震颤，主要侵犯骨骼肌，一般表现在头部、四肢和尾部。轻的仅见于耳、尾，重的可见全身抖动，表现剧烈有节奏的、阵发性痉挛。由于震颤严重，仔猪行动困难，无法吃奶，常饥饿而死。仔猪如能存活1周，则一般不死，通常于3周内震颤逐渐减轻，以至消失。缓解期或睡眠时震颤轻或消失，但因噪音、寒冷等外界刺激，可加重症状。症状轻微的病猪可在数日内恢复，症状严重者耐过后，仍有可能长期震颤，而且生长发育也受到影响。仔猪先天性震颤的另一种表现是后肢肌肉呈强直性痉挛，后肢分开，似犬坐姿势，尾部轻微震颤，可在3周内康复。

（4）猪增生性和坏死性肺炎（PNP）：猪增生性和坏死性肺炎于1990年加拿大首次报道，与保育猪和育肥猪发生的呼吸道病有关。PNP的确诊主要依据组织病理学变化，表现为增生性和坏死性肺炎。PCV2在增生和坏死性肺炎肺组织中大量存在，主要危害6~14周龄猪，发病率为2%~30%，死亡率为4%~10%。增生和坏死性肺炎形成特征性的肺脏损伤，包括坏死性和溃疡性细支气管炎、纤维闭塞性细支气管炎，肺泡壁形成肉芽肿性炎症，肺泡腔内有时可见透明蛋白，猪表现呼吸困难，肺脏见点状出血。PCV2在育成猪肺炎病例中的感染比例越来越高。PCV2与肺炎支原体、猪繁殖与呼吸综合征病毒、流感病毒、胸膜肺炎放线杆菌等，是呼吸道疾病综合征的主要病原。

（5）猪圆环病毒3型（PCV3）：2015年6月，美国北卡罗来纳州某商品化猪场暴发PDNS疫情，与历史平均值相比，该猪场母猪死亡率升高10.2%，受孕率下降0.6%，每窝猪平均流产胎儿增加1.19%。感染母猪表现为厌食，多处皮肤出现丘疹性皮炎，以急性坏死性皮炎为特点；肾皮质区肾

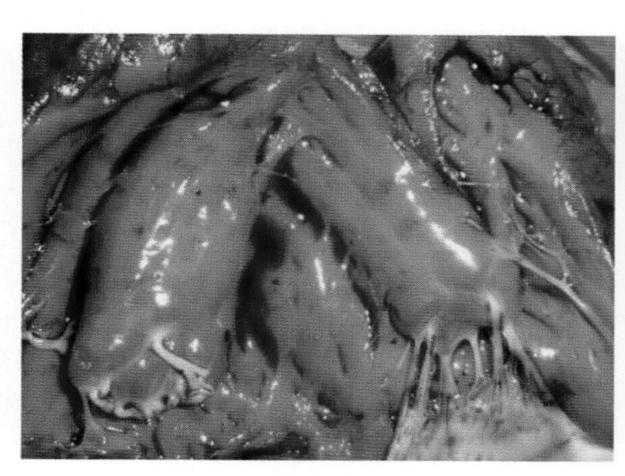

病猪心肌有出血斑点

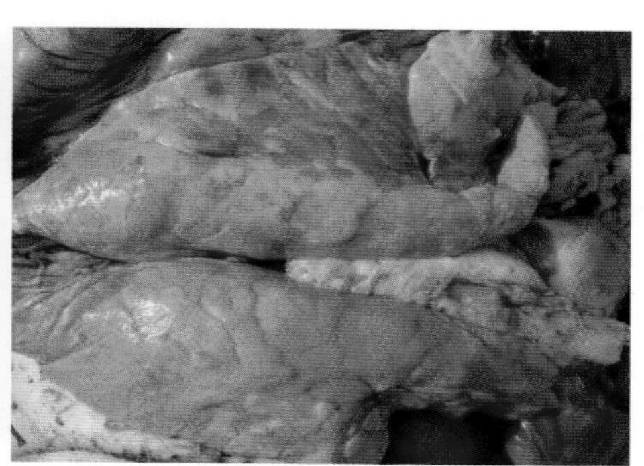

肺小叶间隔增宽

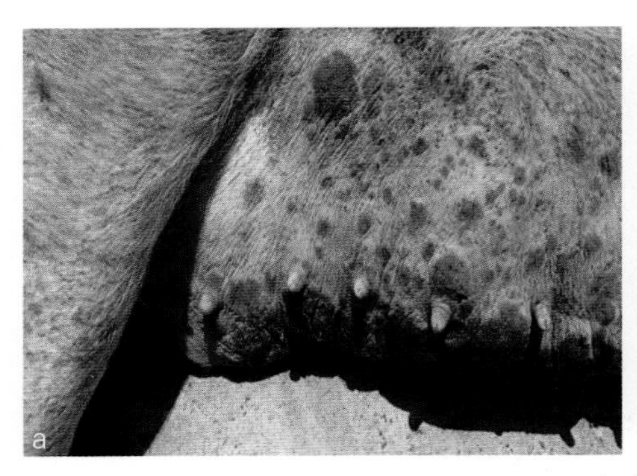
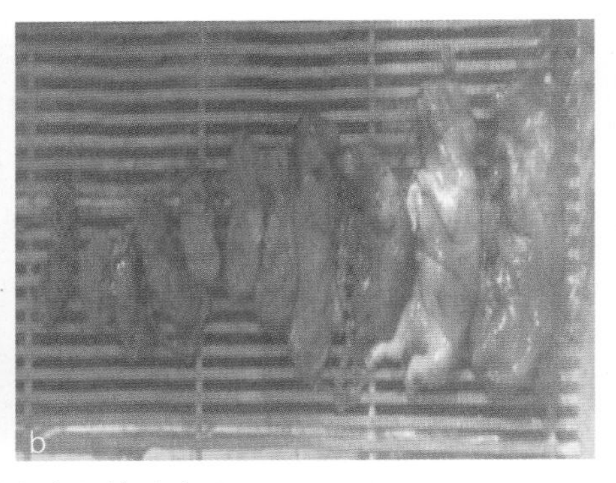

PCV3 引起猪的皮肤疾病和繁殖障碍

小管扩张，管状黏膜上皮细胞退化，肾皮质间质、肾小球大量淋巴细胞及巨噬细胞弥漫性浸润。死亡母猪表现皮炎肾病综合征（PDNS）。2016 年根据国际病毒分类委员会（ICTV）圆环病毒分类标准，将其归类为一种新型圆环病毒，命名为猪圆环病毒 3 型（PCV3）。随着新型猪圆环病毒 PCV3 在美国被发现后，中国、韩国、波兰、巴西和德国等相继报道检测到 PCV3 病毒。与美国的报道不同，许多国家检测到的 PCV3 并没有明显临床症状。

3. 疾病诊断

PCV2 是圆环病毒病的主要病原，在世界性范围内已造成了巨大的经济损失。在我国 PWMS 的危害也逐渐显现，导致仔猪成活率低下。确诊本病依靠病毒的分离鉴定、抗原抗体的检测技术。

4. 综合防控措施

近年来，随着 PCV2 流行范围逐步扩大，各生长阶段猪感染严重，呈现混合感染，要采取综合防治措施。

（1）加强饲养管理工作。饲养密度要适中，避免间接接触；按时清扫、消毒猪舍和各类器具，注射针头不混用；保证每只仔猪在出生 12 h 内都能得到足量的初乳，提高断奶仔猪的饲料质量。严格实行“全进全出”生产制度，落实生物安全各项措施。猪舍要清洁卫生，通风良好，降低氨气及有害气体的浓度。分群饲养不同日龄的猪只，应减少猪群流动。减少各种应激因素，维持良好的饲养环境。猪场定期消毒，杀死病原体，切断传播途径，建立独立的粪尿排放和发酵处理系统。

（2）高度重视引种工作。购入种猪要严格检疫、隔离观察。对购入种猪进行检疫，隔离饲养 1 个月，PCV2 抗原、抗体阴性者方可进入猪场生产区，引种不慎是 PCV2 感染暴发的一个重要原因，必须确保引进的后备母猪和种公猪经过严格检疫；定期监测，及时隔离治疗或扑杀病猪，将病死猪无公害化处理。

（3）做好猪群基础病免疫接种，给予保健药物。单一的 PCV2 并不会引起猪群强烈发病，在其他病原的参与下才会暴发。因此，应做好猪瘟、蓝耳病、猪细小病毒病、猪伪狂犬病等的免疫接种。

（4）药物预防细菌性疾病。由 PMWS 导致的继发性细菌感染也很难治愈，所以要提前投药，控制可能出现的细菌性混合感染和继发感染。

（5）帮助仔猪过好断奶关。仔猪断奶时易发生应激，仔猪留在原产床上停留 5 日，并给予优质全价饲料。饲料中拌入药物，以降低应激反应。保育猪舍要保温通风，与产房舍温不要过大，否则，易造成仔猪死亡。

（6）PCV2 疫苗预防接种：美国 Fort Dodge Animal Health 公司的 PCV2 疫苗（Suvaxyn），是 PCV1–PCV2 嵌合病毒灭活疫苗，采用 SL–CD 水质佐剂，免疫 4 周龄以上的仔猪，只需要注射一次。

德国 Boehringer Ingelheim 公司的 PCV2 疫苗（CircoFLEX®）是灭活杆状病毒表达的基因工程苗，采用水质佐剂，免疫 3 周龄以上的仔猪，只需要注射一次。此疫苗已在国内销售。

美国 Merck 公司的 PCV2 疫苗（Circumvent®和 Porcilis®）是基因工程亚单位苗，采用水质佐剂，免疫 3 周龄以上的仔猪，只需要注射一次。

法国梅里亚公司研发的 PCV2 疫苗（Circovac®）为全病毒灭活苗，采用矿物油佐剂，适用于母猪免疫，一胎免疫两次。

目前，国内研制的全病毒灭活疫苗已经获得农业部二类新兽药证书和三类新兽药证书，也有亚单位疫苗获得新兽药证书。

三、伪狂犬病

伪狂犬病是由伪狂犬病毒（PRV）引起的多种家畜和野生动物发生的传染病，以发热、奇痒（猪除外）及脑脊髓炎为主要症状。该病可导致妊娠母猪流产，产死胎；初生仔猪多为急性致死性经过，具有典型的神经症状，死亡率几乎为 100%，成年猪多呈隐性感染。

1. 流行特点

本病传播主要经消化道和呼吸道，也可通过交配、精液、胎盘传播。本病可直接接触传播和间接传播，如通过吸入带病毒粒子的气溶胶、饮用污染病毒的水，或通过靴子、衣服、饲料、运输工具等传播。当机体受到应激因素或人工给予免疫抑制药物时，潜伏的病毒可被激活，导致感染性 PRV 的排出。

猪伪狂犬病多发生在寒冷季节，这是因为低温有利于病毒存活。

随着 2006 年我国高致病性蓝耳病等免疫抑制性疾病大面积流行，猪体的免疫系统遭受破坏，猪群的 PR 流行呈现新特点。如免疫猪带毒率升高；感染猪的临床表现不典型；流行毒株的分子特点明显不同；猪群对疫苗的应答不敏感，保护持续期缩短；PR 感染猪的免疫抑制趋于严重。2011 年以来，很多学者认为 PRV 发生了变异，称为超强毒株，致病力增强，抗原性也发生了改变。

2. 临床症状与剖检变化

一般 PRV 感染的潜伏期为 3~6 d，个别可达 10 d。猪伪狂犬病的临床症状随猪日龄和毒株毒力不同而有变化，仔猪病情最重。

妊娠母猪感染 PRV 后，引起流产，产死胎和木乃伊胎，以产死胎为主。流产常发生于母猪感染 PRV 后 10 d，流产死胎的体形大小较一致。新疫区 60%~90% 怀孕母猪流产和产死胎。老疫区的发病程度与猪群的免疫力和病毒的毒力有关，感染母猪还有屡配不孕、返情率增高等表现。

新生仔猪感染后可出现大批死亡，特别是 1 周龄仔猪的病死率几乎为 100%。感染仔猪往往 1~3 日龄表现正常，4 日龄后表现闭眼昏睡，体温升高（41~41.5℃），精神沉郁，口角流出泡沫，排黄色稀粪（易被误认为是仔猪黄痢）。随后仔猪出现神经症状，站立不稳或步态不协调，倒地后四肢麻痹，完全不能站立，四肢不停划动，有时还表现间歇性抽搐、仰头歪颈。仔猪出现神经症状后 3~5 d 达死亡高峰，病死率几乎为 100%。

2~4 周龄仔猪发病时，有上述类似的神经症状，但病程和严重程度比新生仔猪稍缓。一旦发病仔猪出现排黄色稀粪和呼吸道症状，病死率甚高。

4周龄至3月龄小猪严重感染时，特征症状为咳嗽，流鼻液，打喷嚏等。个别病猪表现中枢神经紊乱症状，如强直性、阵发性痉挛，后肢运动失调，四肢划动，头部紧张，上下颌紧闭，病死率较低。

育肥猪感染较少出现神经症状，呈一过性类似感冒的症状，表现低热、咳嗽、流鼻液、精神沉郁、食欲不振，1周左右可恢复。

感染仔猪步态不稳、犬坐、流涎、惊跳、癫痫、强直性痉挛、四肢麻痹

感染仔猪吐沫，倒地侧卧，头向后仰，四肢划动

感染仔猪1~2 d迅速死亡

怀孕后期感染的母猪无临床症状，产死胎、木乃伊胎，弱仔多在2~3 d死亡

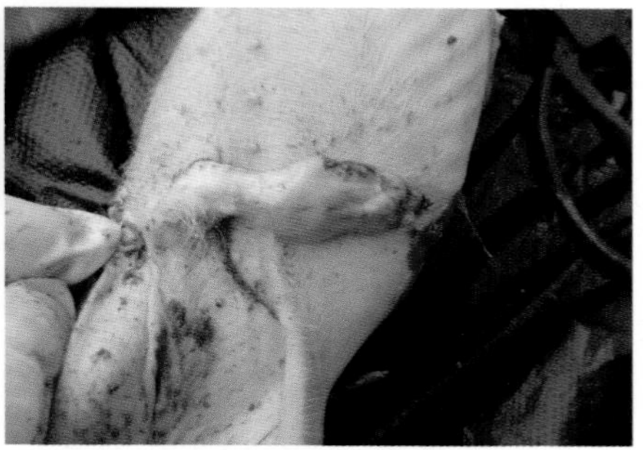

怀孕后期死胎脐带出血

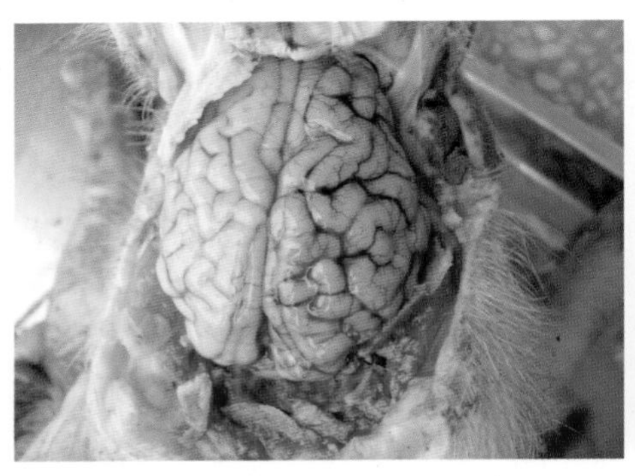

脑膜充血、水肿，脑实质小点状出血

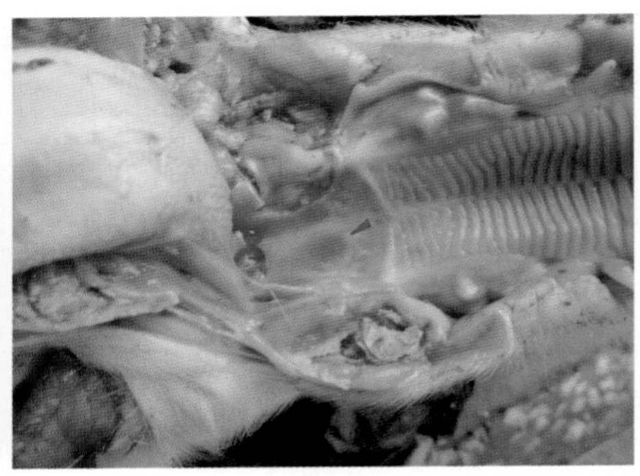

扁桃体出血

扁桃体出血坏死

肝脏灰白色坏死灶

感染仔猪间质性肺炎

肺充血、水肿，上呼吸道有卡他化脓性、出血性炎症，内有大量泡沫

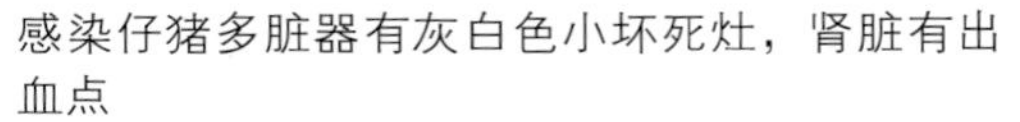
感染仔猪多脏器有灰白色小坏死灶，肾脏有出血点

肾脏灰白色小坏死灶

3. 疾病诊断

结合病史、典型临床症状和病变可以作出初步诊断。若缺乏神经症状，感染育肥猪和成年猪需进行实验室确诊。GB/T18641–2002 国家检测标准适用于猪、羊、犬、猫等伪狂犬病的诊断。其中，病毒分离鉴定、聚合酶链式反应、家兔接种试验适用于伪狂犬病病毒的检测；中和试验、酶联免疫吸附试验适用于非免疫动物伪狂犬病抗体的检测，以及免疫后抗体水平的监测；胶乳凝集试验适用于实验室和现场对伪狂犬病抗体的早期检测。

4. 综合防控措施

（1）通过流行病学调查，掌握本场或本地区 PRV 感染情况，制定本病控制或彻底净化方案，然后分步实施。

（2）在没有猪伪狂犬病的养殖场或地区，引进种猪时进行严格检疫。严格灭鼠，控制犬、猫、鸟类和其他禽类进入猪场，禁止牛、羊和猪混养，控制人员来往，搞好消毒及血清学监测。

（3）在该病流行率较低的地区，可制定净化方案消灭本病，如基因缺失苗和 ELISA 的应用。检测和淘汰阳性种猪，经过多轮即可净化猪伪狂犬病。注意在同一区域的阳性猪场应同步净化。

（4）在本病流行率或带毒率高的地区，先通过高密度接种疫苗，降低野毒感染率，然后采用特异的试验检测方法淘汰野毒感染猪。

四、猪流行性乙型脑炎

猪流行性乙型脑炎（JE），简称乙脑，是由乙脑病毒引起的一种人兽共患的蚊媒病毒性疾病。本病导致怀孕母猪产死胎和繁殖障碍，公猪感染后发生急性睾丸炎。马和猴感染乙脑病毒后引起明显的脑炎，其他动物感染常呈现亚临床症状。该病由蚊虫传播，故流行有明显的季节性，北方多发于7~9月，南方多发于6~10月。

1. 流行特点

JEV可感染人和多种家畜、野生动物，可互为传染源。马最容易发病，人、猪次之，其他畜禽多为隐性感染。猪感染JEV后，病毒可大量增殖，出现病毒血症的时间长，通过猪－蚊－猪等循环扩大传播。

乙脑具有高度散发的特点，但局部地方性流行也时有发生。猪乙脑感染率高、发病率低，病愈后不再复发，成为带毒猪。

2. 临床症状与剖检变化

怀孕母猪流产前有轻度的减食或发热，不易被察觉。母猪产死胎、弱胎或木乃伊胎，流产死胎大小有显著差别。流产后，母猪症状减轻，体温和食欲恢复正常，不影响下次配种。有的感染母猪产出的仔猪几天内痉挛死亡，有的却生长发育良好。

发病仔猪体温达40~41℃，呈稽留热；精神委顿，喜卧，饮欲增加，结膜潮红，食欲减少或废绝；粪干球形，附着有灰白色黏液，尿呈深黄色。有的病猪后肢轻度麻痹，步态不稳；有的后肢关节肿胀、疼痛，跛行。有的病猪表现神经症状，乱冲乱撞，四肢麻痹，最后卧地不起而死亡。

公猪感染后除表现发热、轻度减食外，常发生睾丸肿胀，且多呈一侧性，肿胀程度不一，局部发热。兽医触摸病猪肿胀睾丸时躲闪，表明有痛感。数日后多数肿胀的睾丸缩小变硬，种公猪性欲减退，丧失配种能力。

3. 疾病诊断

根据发病有明显的季节性；母猪发生流产，产死胎、木乃伊胎；流产死胎皮下水肿、脑室积水；公猪发生睾丸炎，睾丸一侧性肿大等特征，可作出初步诊断。采用病毒分离、荧光抗体试验、血凝和血凝抑制试验、RT-PCR等确诊。

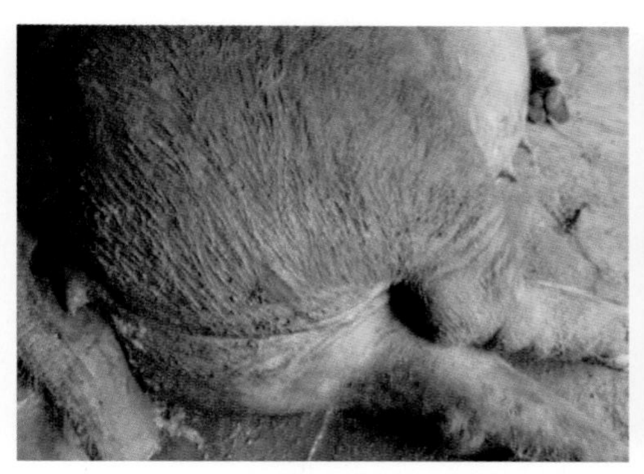
母猪因木乃伊胎在子宫内长期滞留，造成子宫内膜炎，最后导致繁殖障碍

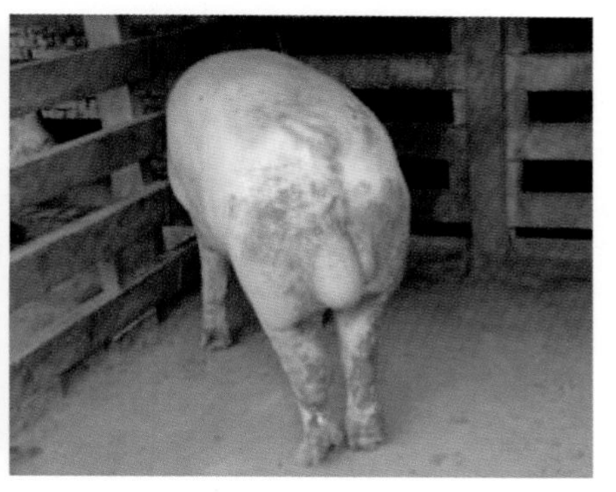
公猪常发生一侧性睾丸肿大，性欲减退，但精神和食欲变化不大

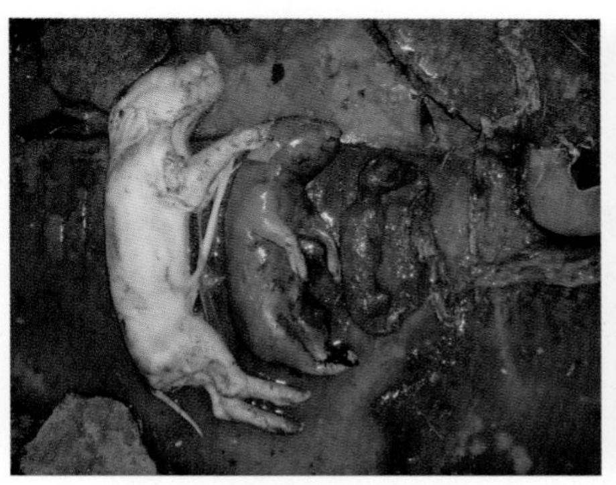
同胎仔猪颜色有很大差别

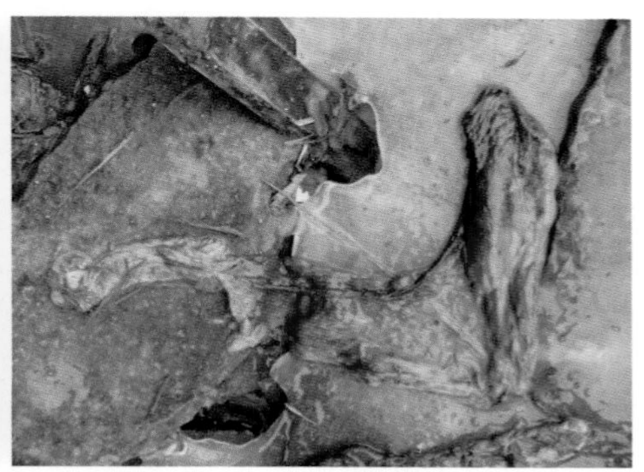
胎衣水肿和出血

4. 综合防控措施

消灭蚊虫是防治猪乙脑的根本措施。搞好猪舍环境卫生工作，填平水沟、水坑，在猪舍周围定期喷洒灭蚊药。

对种猪接种乙脑疫苗，降低猪的带毒率，控制本病的传染源。选用猪乙脑减毒活疫苗，在种猪初次配种前（6~7 月龄）或蚊虫出现前 1 个月免疫 2 次（间隔 3 周）。以后经产母猪和公猪每年蚊虫出现前 1 个月，免疫 1 次即可。

对确诊为乙脑的病猪彻底淘汰。无害化处理死胎、胎盘及分泌物等，被污染的猪舍、生产用具等要严格消毒。

五、猪细小病毒病

猪细小病毒病是由猪细小病毒（PPV）引起的，特征是母猪孕前期感染病毒，引起流产，产死胎、畸形胎、木乃伊胎，还可引起仔猪的皮炎和腹泻。

1. 流行特点

本病主要发生在春夏季节或母猪产仔和交配后，一般呈地方性或散发性流行，在新建猪场和初次感染的猪场呈流行性。发病猪场持续多年存在母猪繁殖障碍。

如果怀孕母猪感染了 PPV，则妊娠黄体发生萎缩，失去了正常时抑制排卵和分泌孕酮的功能，造成流产，产死胎、木乃伊胎，以及发情周期不规律。

多数初产母猪流产，产死胎、木乃伊胎

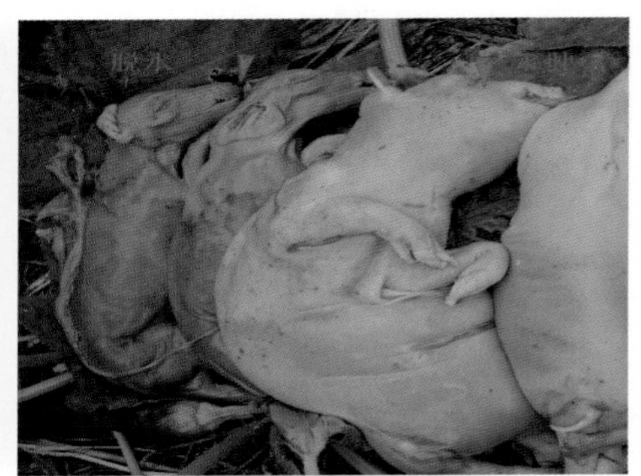

死胎水肿、充血、出血

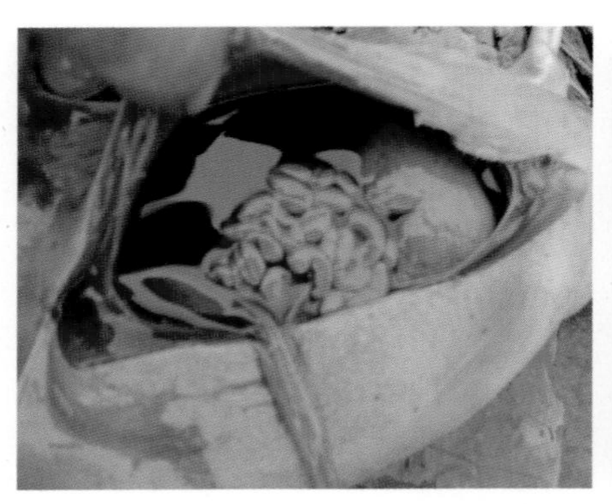

感染的胎儿出血，体腔积液

胎衣钙化

2. 临床症状与剖检变化

母猪在不同妊娠期感染 PPV 有不同的临床表现。如果 PPV 感染发生在妊娠 35 d 以前，将会导致胎儿死亡并被母体重新吸收，产仔数量下降或者母猪重新发情。如果 PPV 感染发生在妊娠 35~70 d，将会导致木乃伊胎。如果 PPV 感染发生在妊娠 70 d 以后，则母猪主要表现为亚临床症状，胎儿对 PPV 有抵抗力，新生仔猪表现为血清学阳性。一般公猪或者未怀孕母猪的急性 PPV 感染不表现临床症状。

3. 疾病诊断

母猪发生流产，产死胎、木乃伊胎时，应考虑本病。将小于 70 日龄的死胎、木乃伊胎送检。大于 70 日龄的木乃伊胎、死胎和初生仔猪不宜送检，因可能含有干扰因素（如抗体）。

4. 综合防控措施

在未发生猪细小病毒病的猪场和地区，应采取高标准的卫生防疫和综合防治措施。定期进行血清学监测，将可疑病例淘汰，对所有可能污染的物件彻底消毒。

坚持自繁自养，引种时杜绝病猪和带毒猪；采用经检验不带毒的精液，进行人工配种。在地方流行发病的猪场，应对初产母猪建立主动免疫后再配种。我国普遍使用 PPV 灭活疫苗，初产母猪和后备公猪在配种前一个月免疫注射。猪场要经常彻底消毒，建立规范、科学的免疫程序，建立经常性血清抗体检测制度。对猪细小病毒病免疫主要有弱毒活疫苗和灭活疫苗。

第七章 猪呼吸系统疾病

一、猪流感

猪流感是由猪流感病毒（SIV）引起的一种急性、高度接触传染性、群发性呼吸道疾病，临床以突然发病、高热、咳嗽、呼吸困难、反复发作、衰竭为特征。该病传播迅速，发病率可高达100%。猪流感可造成免疫抑制，引起猪繁殖与呼吸综合征、猪伪狂犬病、猪圆环病毒病及副猪嗜血杆菌病、猪链球菌病等的继发感染，使病情变得复杂，诊断和防治困难。

1. 流行特点

以往曾经发生人感染猪流感，但未发生人传人的案例。如2009年4月墨西哥猪流感造成150多人死亡事件。

不同品种、年龄和性别的猪均对SIV敏感，尤以2月龄仔猪易感性更高。秋冬季属猪流感高发期，无明显季节性。

病猪是传染源，打喷嚏、咳嗽时病毒随即排出，健康猪吸入即可感染。SI发病率可高达100%，但死亡率低于1%。一旦猪发病，往往2~3 d传染至整个猪场，常呈地方性流行。如没有继发和并发感染，病猪5~7 d可迅速康复。

2. 临床症状与剖检变化

本病潜伏期短，猪感染流感病毒1~3 d后发病，通常在第一头病猪出现症状后的24 h内，猪群都被感染。病猪厌食，精神沉郁，拥挤在一起不愿走动。有明显的呼吸道症状，呼吸急促，流清涕或浓稠鼻涕，眼分泌物增多，眼结膜潮红，咳嗽。粪便干燥，小便呈黄色。怀孕母猪流产，产死胎。如果母猪配种后21 d内感染病毒，胚胎还没有着床，会造成21 d返情；如果胚胎已经在交配后14~16 d着床，就会造成妊娠中断，出现延迟返情。如果母猪在妊娠期前五周感染病毒，会造成胚胎死亡与吸收，表现为假怀孕或产仔数减少。感染公猪体温升高，精子品质降低，受精率持续降低 4~5 周。

病猪鼻腔到细支气管均有严重渗出性炎症，咽喉充血、水肿，气管内有大量带泡沫状黏液，严重时混有血液；肺的尖叶和心叶有紫色硬结，一些肺叶间质明显水肿。镜检，鼻腔、气管、支气管和细支气管上皮细胞变性坏死，黏膜脱落和细胞浸润。肺门淋巴结、下颌淋巴结可见到嗜中性淋巴细胞浸润和出血。

3. 诊断方法

根据流行病学、临床症状和病理变化，可以作出初步诊断。不同年龄、性别、品种的猪都可感染，大多在深秋、早春和气候骤变时发病流行。常在几天内全群猪感染，病程短，发病率高而死亡率低，临床可见支气管肺炎症状和病变。

猪群发病，阵发性咳嗽，呼吸困难，触摸肌肉有疼痛感，懒动

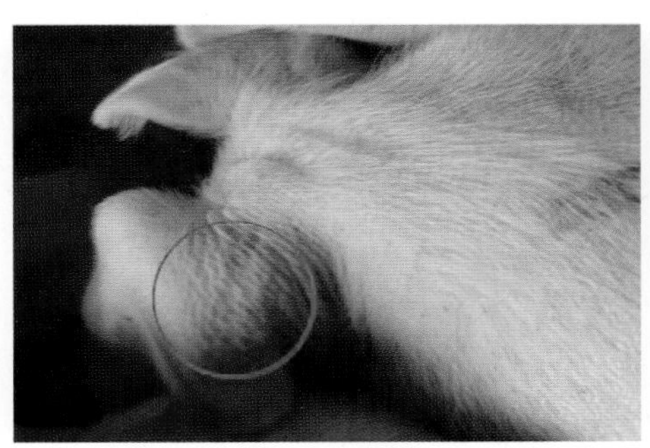

病猪恶寒怕冷，皮肤有“鸡皮疙瘩”

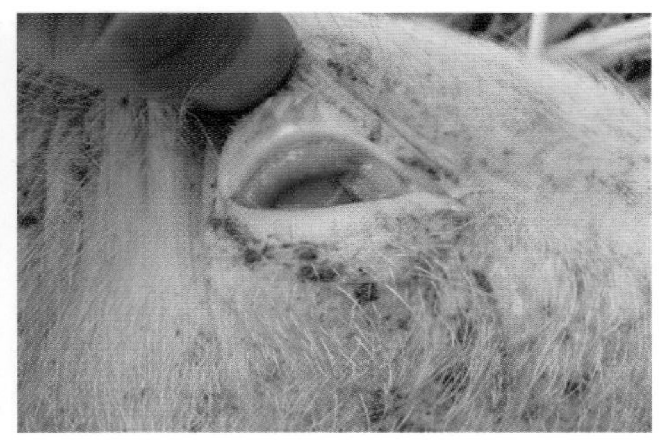

流鼻、流泪，结膜潮红

流鼻液，前期浆液性，后期黏液性

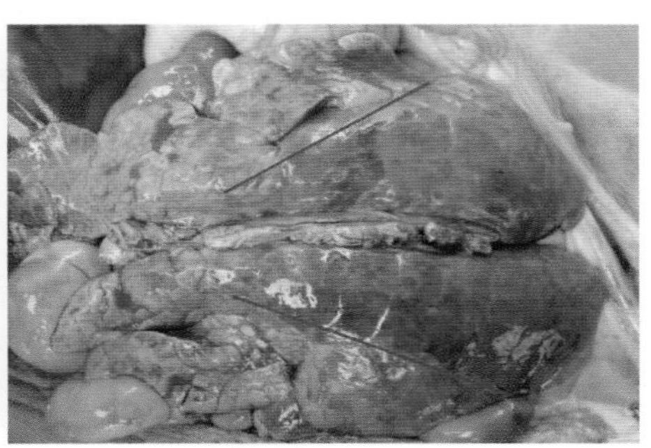

肺炎病灶呈扇形分布

注意猪气喘病和本病的区别，易混淆，前者的发作不容易察觉，病程缓慢，组织学变化有明显的不同；猪瘟的死亡率高，病变在全身各组织器官广泛存在，呼吸道受损程度小；仔猪包涵体鼻炎的暴发，可能与猪流行性感冒相似；萎缩性鼻炎的病程则要长得多，面部骨骼严重变形。

实验室进行病毒分离或证明双份血清间抗体效价比急性期血清高 4 倍以上，即可确诊为猪流感。

4. 综合防控措施

（1）本病无特殊药物，只能对症治疗，避免继发感染。治疗药物有复方吗啉片或复方金刚烷片及板兰根冲剂，用量可根据猪的体重和药品含量确定。

（2）防止继发感染，采用头孢噻呋 + 盐酸吗啉胍 + 柴胡注射液 + 安乃近注射液 + 维生素 C 组方。

头孢噻呋，肌肉注射，3~5 mg/kg，每日 2 次，连注 5~7 d。15% 盐酸吗啉胍（病毒灵）注射液，25 mg/kg，肌肉注射，每日 2 次，连注 5~7 d。柴胡注射液，0.1~0.2 mL/kg，肌肉注射，每日 2 次，连注 5~7 d。30% 安乃近注射液，30 mg/kg，肌肉注射，每日 2 次，连注 5~7 d。维生素 C 注射液，肌肉注射，1~3 mg/kg，每日 2 次，连注 5~7 d。

（3）中药治疗：荆芥、金银花、大青叶、柴胡、葛根、黄芩、木通、板蓝根、甘草、干姜各 25~50 g（每头猪计体重 50 kg），晒干，粉碎成细面，拌料喂服。

二、猪气喘病

猪气喘病是由猪肺炎支原体引起的，又称猪地方流行性肺炎。该病为慢性呼吸道传染，主要表现为咳嗽、喘气和生长发育迟缓等。猪肺炎支原体主要通过接触或空气传播，水平传播半径可超 5 km。该病原对一些常用消毒剂和恶劣环境具有较强的抵抗力，所以一旦本病传入，就很难彻底扑灭。猪肺炎支原体感染难防控另有两大原因，一是支原体可改变表面抗原而造成免疫逃逸，导致免疫力较弱。二是支原体感染可使猪的气管、支气管、细支气管以及肺脏部位严重损害，造成免疫抑制。临床上与猪肺炎支原体混合感染的病原微生物，主要包括猪瘟病毒、猪繁殖与呼吸道综合征病毒、伪狂犬病病毒、猪圆环病毒2型、猪流感病毒、猪胸膜肺炎放线杆菌、萎缩性鼻炎、克雷伯杆菌、猪多杀性巴氏杆菌、副嗜血杆菌、猪霍乱沙门菌等。当猪肺炎支原体与以上病毒或病原菌混合感染时，就会导致呼吸道疾病综合征，生产性能大大下降，严重危害养猪业的发展。

1. 流行特点

在自然条件下，发病猪和带菌猪是主要传染源。产房仔猪和保育猪病发病率较高。一般种猪为慢性或隐性感染，较少发病。病原体主要存在于呼吸道及其分泌物中，长时间存在。此外，不同日龄的同圈猪可互相传染。猪场发生本病，主要是母猪垂直感染哺乳猪或从外面引入气喘病阳性猪所致。通常病原体随病猪咳嗽、气喘、打喷嚏排出体外，形成气溶胶，在猪场内反复感染健康猪群。

2. 临床症状与剖检变化

一般气喘病潜伏期为2周左右，分为急性型、慢性型和隐性型3种。急性型：仔猪、妊娠母猪和哺乳仔猪多发。病猪表现食欲不振，日渐消瘦，常呈腹式呼吸或犬坐姿势。当病猪继发其他疾病时体温会升高，导致死亡。慢性型：多见于生产中后期猪群，病猪长期咳嗽，特

呼吸增快，呈腹式呼吸或犬坐姿势

咳嗽时伸颈，背拱起，头下垂，伴随放屁喷出粪便

气喘病呼吸变化（胸腹部呼吸变动图）

别是受到各种应激后咳嗽尤为明显。发病猪消瘦，生长缓慢，死亡率不高，但易继发感染。隐性型：一般病猪生长发育正常，或偶见个别猪咳嗽。

肺心叶病变，逐渐扩展到肺尖叶、肺腹叶和肺膈叶的前下缘，直至成为

不同日龄同圈猪相互传染

典型的对称样病变

肺水肿

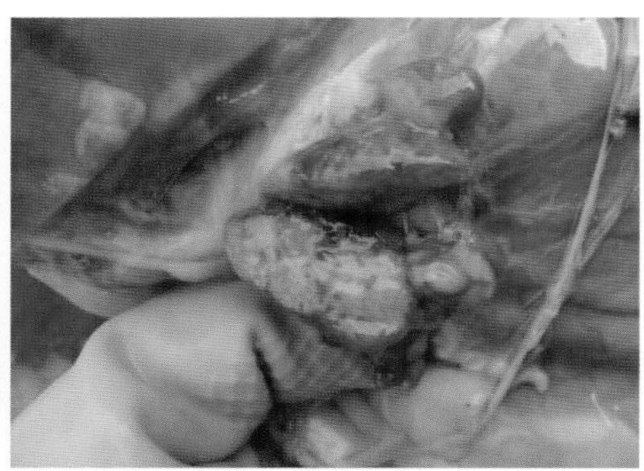

肺门淋巴结出血，水肿

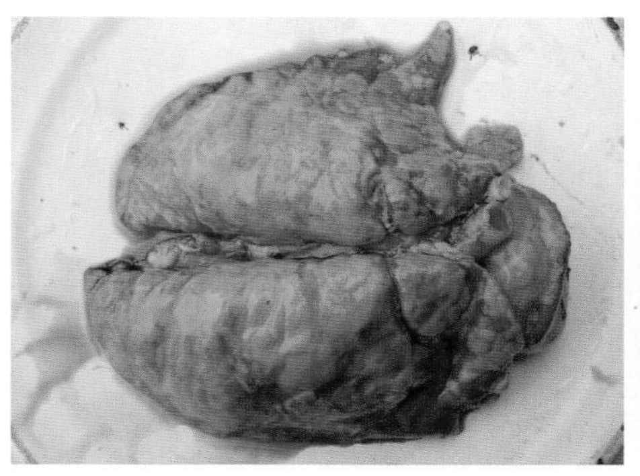

小叶性肺炎：心叶、尖叶、中间叶病变明显，呈鲜肉样

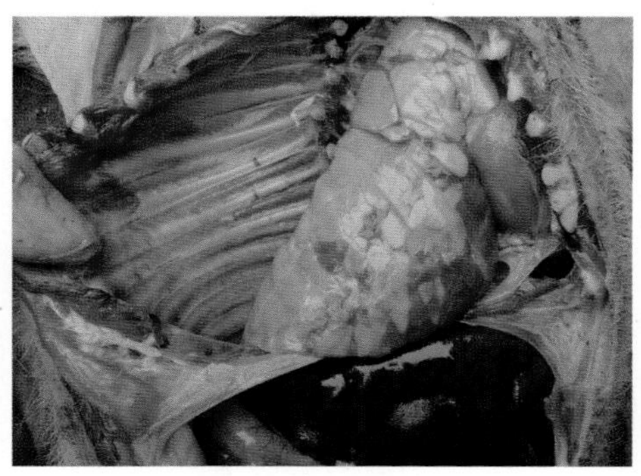

肺部虾肉样病变

融合性支气管肺炎。急性型病例肺气肿和心衰。慢性型和隐性型感染的病猪表现为肺两侧病变对称，界限明显，淡红色或灰红色。随着病程延长加重，病变部会变为虾肉样。如继发其他病原体，会出现肺和胸膜的纤维素性物渗出，化脓性和坏死性病变。其他病变为支气管淋巴结、纵隔淋巴结和肺门淋巴结肿大。采取病肺组织，进行实验室确诊。

3. 疾病诊断

通常我们会采集猪的鼻腔拭子、病肺组织、气管拭子等样本。再通过细菌分离与培养、多聚酶链式反应、血清抗体检测等方法，进行病原学诊断。目前国外很多猪场实施了净化气喘病，但是由于国家政府支持力度、行业标准不统一，所制定的检测程序也各有不同。

4. 综合防控措施

（1）以药物预防为主，免疫与生物安全措施配合。坚持自繁自养的原则，必须引进种猪时隔离饲养 3 个月以上，经检疫证明无阳性，方可混群。

（2）保证猪群合理、均衡的营养水平；加强消毒，保持栏舍清洁、干燥通风，降低饲养密度，减少各种应激因素。

（3）每吨饲料中添加 200 g 金霉素或 250 g 林可霉素，连续使用 3 周，可有效预防猪喘气病；或用泰妙菌素拌料给药，连用 5~7 d。

（4）肌肉注射林可霉素，4 万 IU/kg，每天 2 次，连续 5 d 为一疗程，必要时治疗 2~3 个疗程。或用替米考星、泰乐菌素，效果良好。

（5）如果想要净化气喘病，须在严格消毒下剖腹取胎，并在严格隔离条件下人工哺乳，培育和建立无特定病原猪群。以新培育的健康母猪，取代原来的母猪。

三、副猪嗜血杆菌病

副猪嗜血杆菌病是由副猪嗜血杆菌引起，表现为猪的浆液性或纤维素性多发性浆膜炎、关节炎和脑膜炎等。

1. 流行特点

病菌广泛存在于自然环境中，病猪和带毒猪是传染源，健康猪鼻腔、咽喉等上呼吸道黏膜也常有病菌存在。当天气恶劣、长途运输、猪患病时，副猪嗜血杆菌就会乘虚而入。从 2 周龄到 4 月龄的猪均易感，通常见于 5~8 周龄猪，主要在保育阶段发病。一般发生率为 30%~40%，死亡率 10% 左右。该病毒主要通过呼吸道感染，无明显季节性。猪的呼吸道疾病，如支原体肺炎、猪繁殖与呼吸综合征和猪圆环病毒病等发生时，可与副猪嗜血杆菌混合感染。

2. 临床症状

急性病例不表现临床症状，即突然死亡。病死猪全身皮肤白色或红白相间，50% 急性死亡猪腹胀，个别猪鼻孔有血液流出。一般病例体温升高（40.5~41.0℃）或短暂发热，食欲不振，厌食，反应迟钝，呼吸困难，心跳加快，耳发绀，眼睑水肿。一般保育猪和育肥猪为慢性发病过程，食欲下降，生长不良，咳嗽，呼吸困难，被毛粗乱，皮肤发红或苍白，消瘦衰弱；四肢无力，特别是后肢尤为明显，关节肿胀，出现跛行，多见于腕关节和跗关节。少数病例出现脑炎症状，震颤、角弓反张，共济失调，临死前侧卧或四肢游泳状划动。部分病猪鼻孔有浆液性或黏液性分泌物。妊娠母猪流产；后备母猪常跛行、僵直，关节和肌腱处轻微肿胀；公猪跛行。

四肢无力，特别是后肢尤为明显，出现跛行

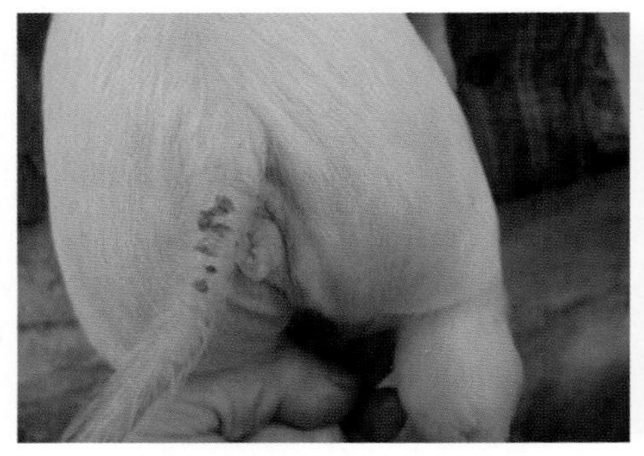

关节肿胀，有的仔猪尾根部有坏死

仔猪发病，最早为 1 周龄

急性病例，膘情良好的猪会无明显症状而突然死亡

个别猪鼻孔有带泡沫的血液流出

行走缓慢或不愿站立，腕关节、跗关节肿大，共济失调，临死前侧卧或四肢呈划水样

腹腔脏器粘连，腹胀

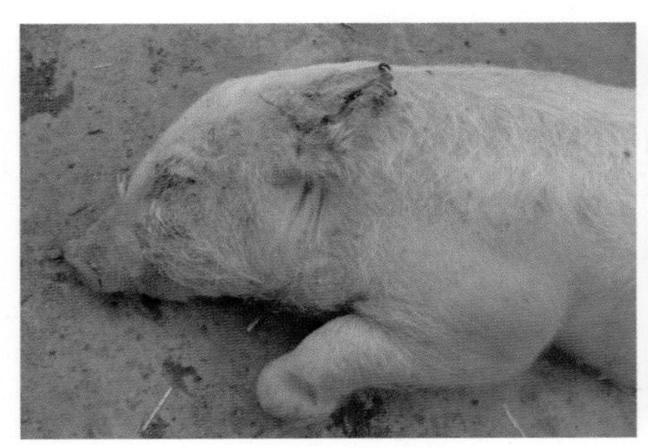

耳朵坏死

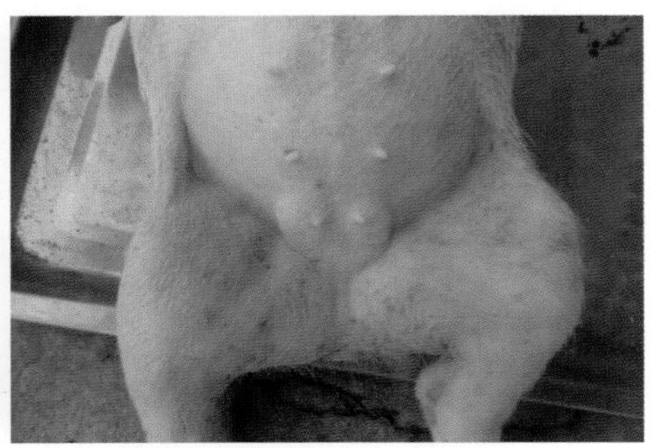

腹股沟淋巴结肿大明显

3. 剖检变化

败血症损伤主要表现皮肤发绀、皮下水肿和肺水肿，乃至死亡。在肝、肾和脑膜上形成淤血点和淤血斑。胸、腹腔出现似“蛋花”状、纤维素性炎症。剖检时，一般病例可见胸腔积液、心包炎、腹膜炎等。较慢性病例可见心脏与心包膜粘连；肺与胸壁、心脏粘连，部分出现腹腔积液或腹腔脏器粘连；

胃、脾脏均有“蛋花”状纤维素物质附着。哺乳仔猪淋巴结有出血点，胸腹腔积液，纤维素性变化并伴有肠炎变化。急性败血死亡病例表现皮肤发绀，皮下水肿和肺水肿，肝、肾和脑等有出血斑（点）。急性死亡病例，大多肉眼看不到典型的“蛋花”状凝块，但仔细观察腹腔有少量的，似蜘蛛网状纤细条索，有相当重要的诊断价值。

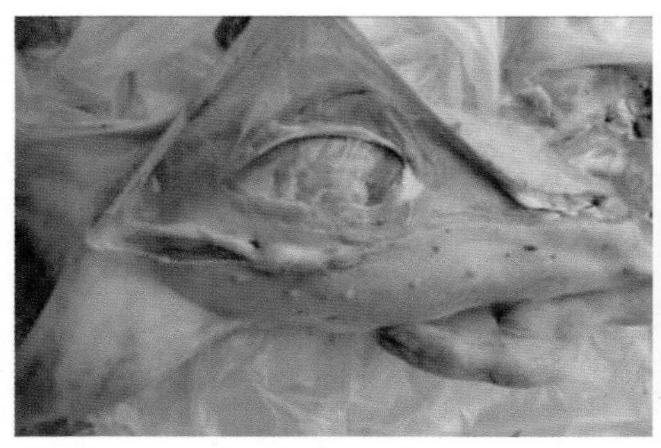

胸腹腔积液

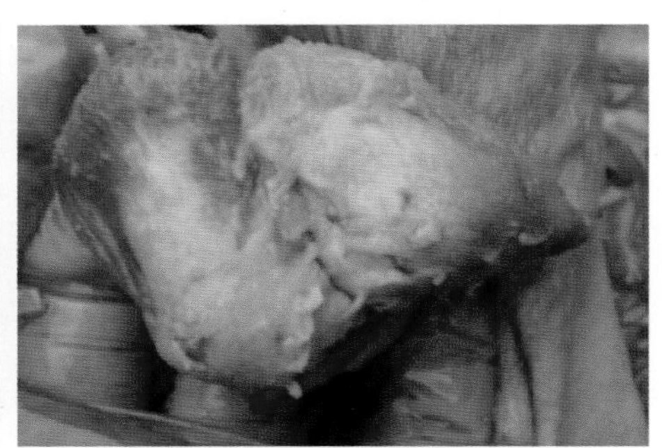

心肌附着纤维素物质（绒毛心）

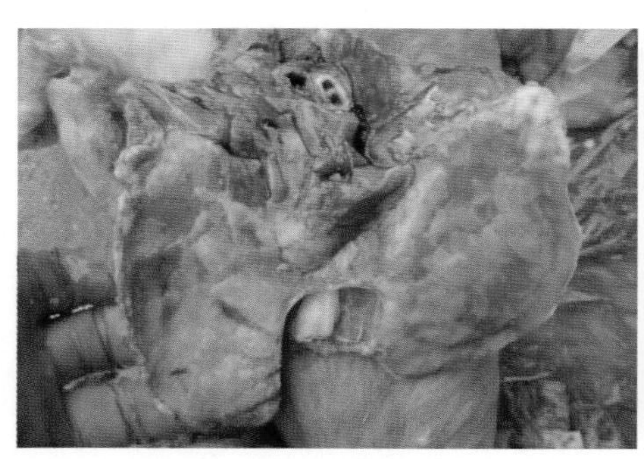

肺萎缩，附着纤维素物质

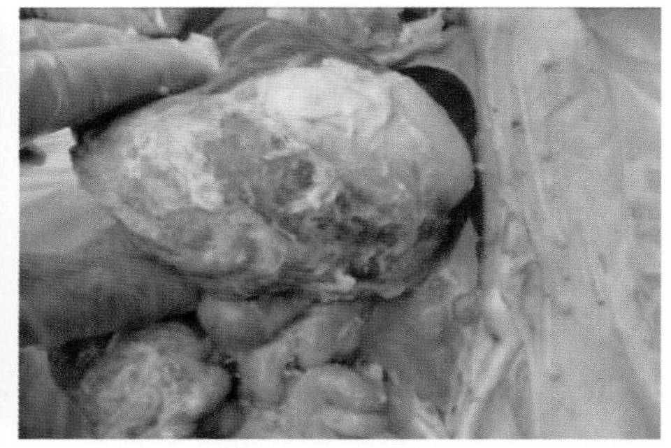

胃、脾脏附着“蛋花”状纤维素物质

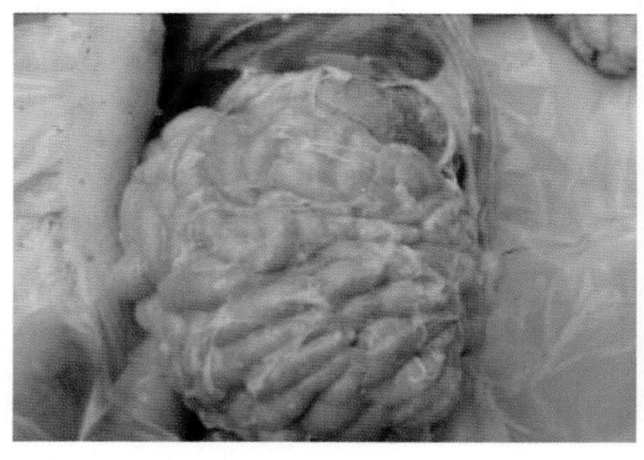

腹腔脏器粘连，附着“蛋花”状纤维素物质

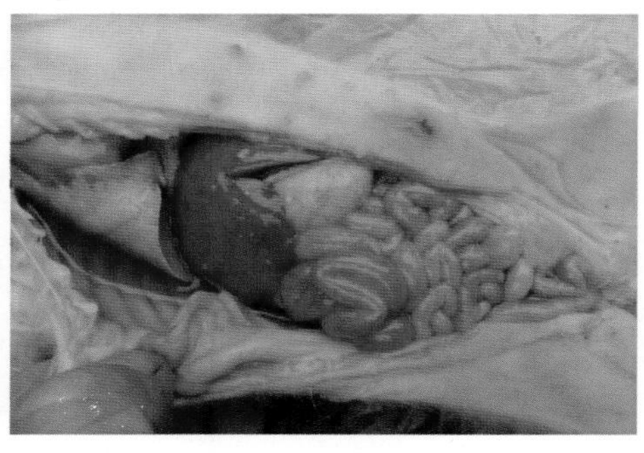

仔猪胸腹腔积液、纤维素炎症并有肠炎变化

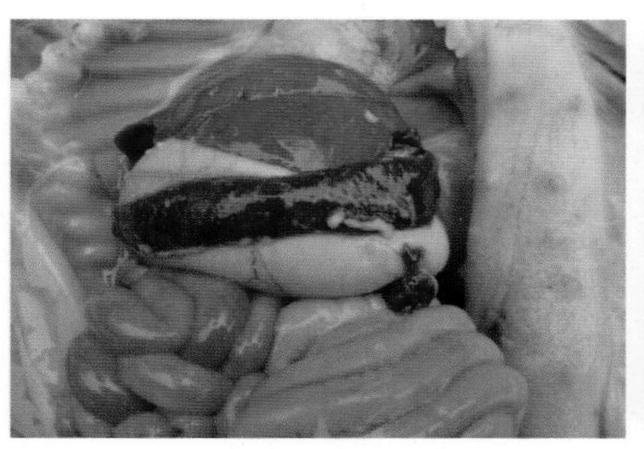

仔猪腹腔纤维素病变，有肠炎变化

仔猪扁桃体出血

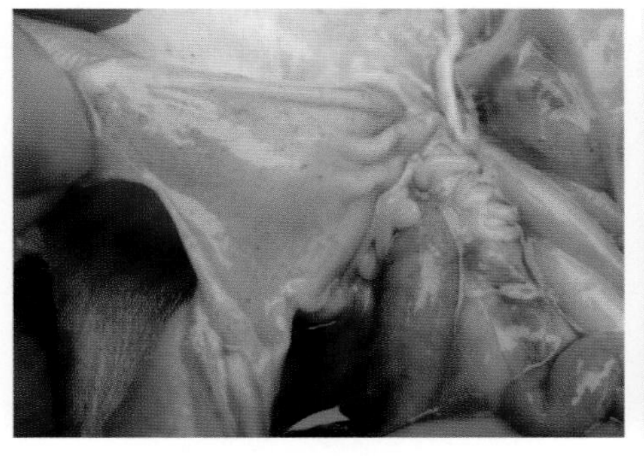

膀胱出血，但要与猪瘟区别

心房出血，但要与猪瘟区别

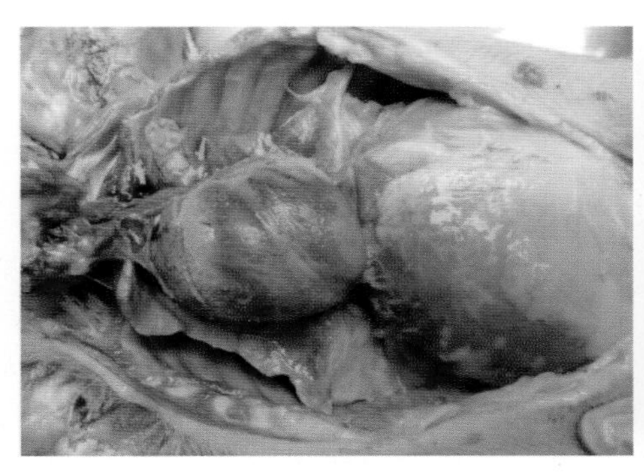

肺水肿间质性肺炎，肺与胸膜心包粘连，心包积液、粗糙、增厚。肝脾肿大，与腹腔粘连

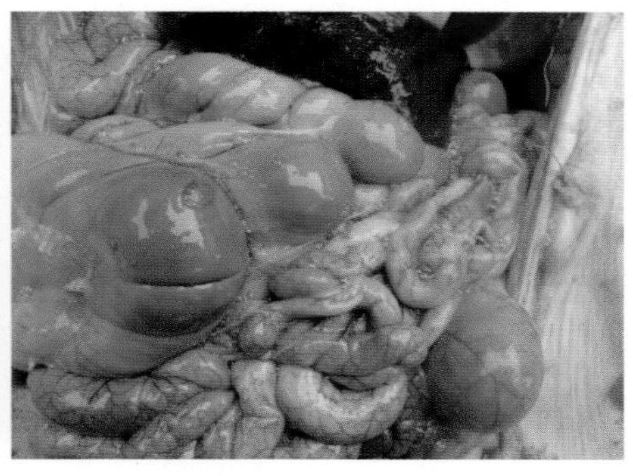

有的猪可能纤维素炎症不明显，但腹腔可见多量泡沫

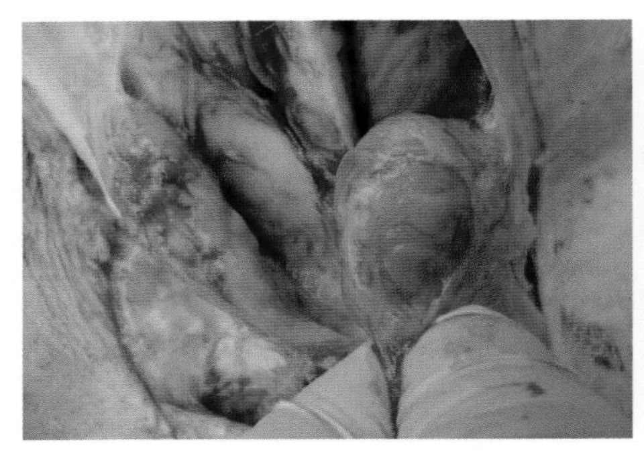
腹股沟淋巴结灰白色肿大

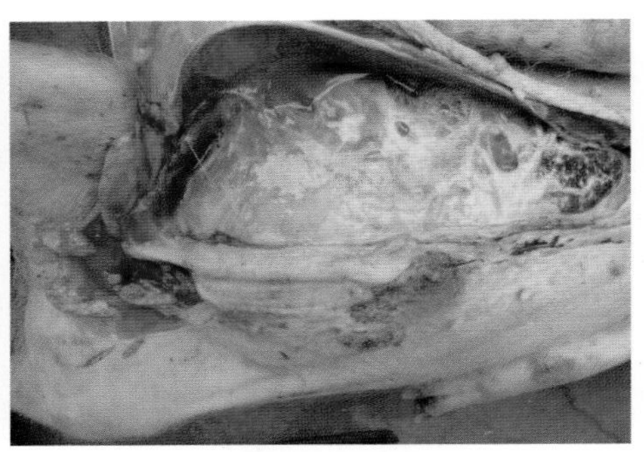
腹腔“蛋花”状纤维素假膜

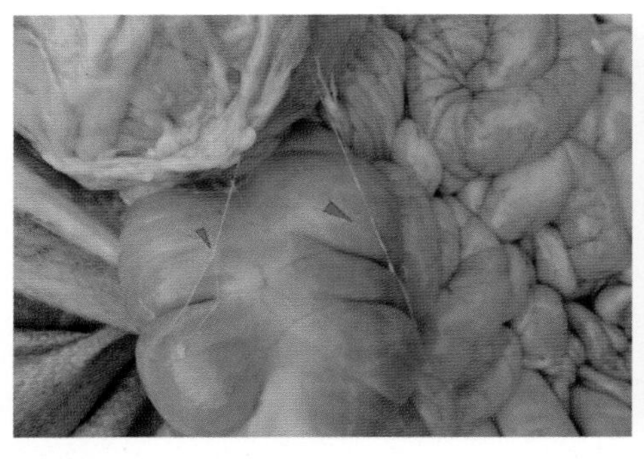
急性病例，大多看不到典型的“蛋花”状凝块，但仔细观察腹腔有少量的，似蜘蛛网状纤细条索

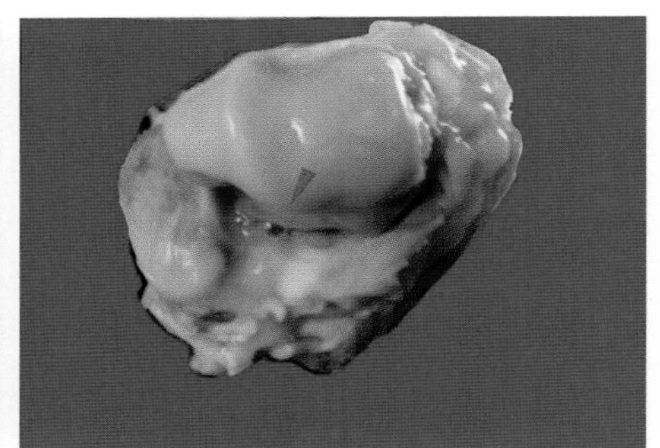
关节腔炎性渗出物

4. 防治措施

发现有个别猪表现临床症状，立即对整个猪群投服抗生素药物。大多数血清型的副猪嗜血杆菌对头孢菌素、庆大霉素、替米考星，以及喹诺酮类等药物敏感。

青霉素肌肉注射，每次 5 万 IU/kg，每天 2 次，连用 5 d。庆大霉素注射液，肌肉注射，每次 4 mg/kg，每天 2 次，连用 5 d。大群猪口服阿莫西林粉，每日 2 次，连用 1 周。同时口服纤维素溶解酶，可快速清除纤维素物质，缓解症状。

四、猪链球菌病

猪链球菌病是由致病性猪链球菌感染引起的一种人兽共患病。猪链球菌是猪的一种常见和重要病原体，可引起急性败血症、脑膜炎、心内膜炎、关节炎和淋巴结脓肿。

1. 流行特点

本病一年四季均可发生，以 5~11 月多发，蚊、蝇是本病菌传播媒介。病猪和带菌猪是主要传染源，该病可经呼吸道、生殖道、消化道以及外伤感染。仔猪、架子猪发病率高，短期可波及全群，发病率和死亡率很高，常呈地方流行性。

2. 临床症状

病猪表现败血性、脑膜炎、关节炎和淋巴性脓肿。最急性病例：病猪不表现临床症状即死亡。急性败血型：病猪体温高达 41~43℃，精神沉郁，食欲废绝。眼结膜充血，流泪，流鼻液，或有咳嗽和呼吸困难。耳、颈、腹下皮肤淤血、发绀。腹下、后躯有紫红色斑块，呈“刮痧状”。关节肿大或跛行。病猪爬行或不能站立时，很快死亡。神经症状主要表现为转圈、磨牙、空嚼、抽搐倒地，四肢划动，继而衰竭或麻痹。个别病猪濒死前，天然孔流出暗红血液。淋巴结脓肿型：颌下、腹股沟淋巴结脓肿。

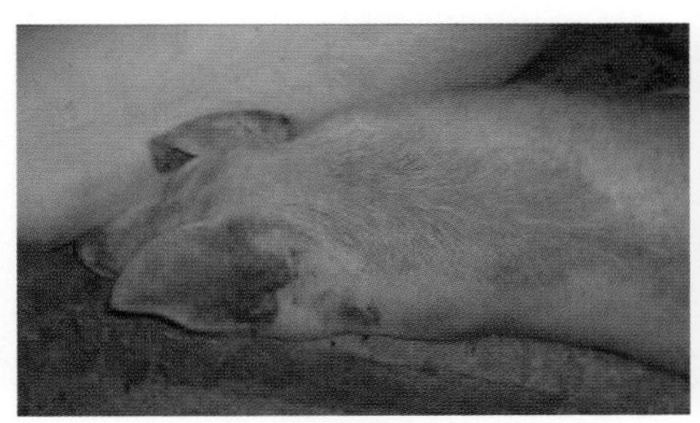

急性败血型：病猪体温高达 41~43℃，耳、颈、腹下皮肤淤血发绀，关节肿大，跛行

脑炎型：运动失调，游泳状划动及痉挛

关节炎型：跛行或站立困难

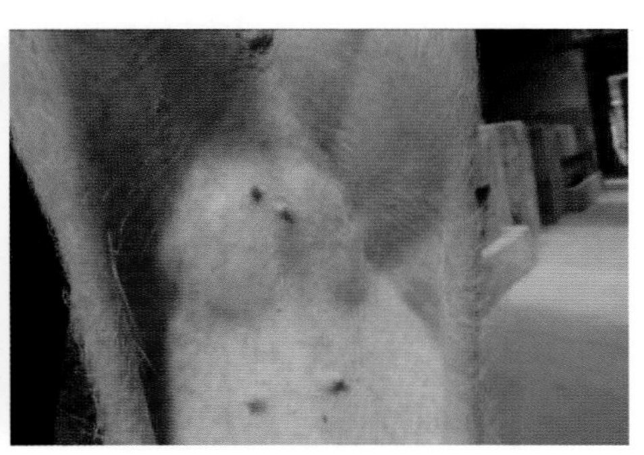

淋巴结脓肿

3. 剖检变化

病猪全身各器官充血、出血，肺、淋巴结、关节有化脓灶，鼻、气管、胃、小肠黏膜充血及出血，胸腔、腹腔和心包腔积液，并有纤维素性渗出物。脾脏肿大 1~3 倍，暗红色。肾肿大，有出血斑点；肝肿大，质硬。脑膜和脊

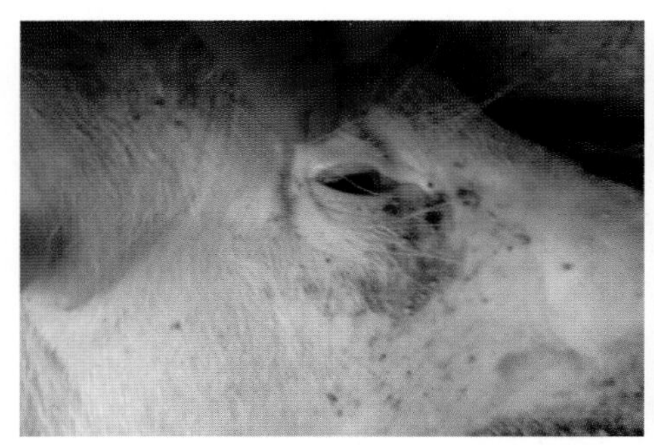

眼结膜充血

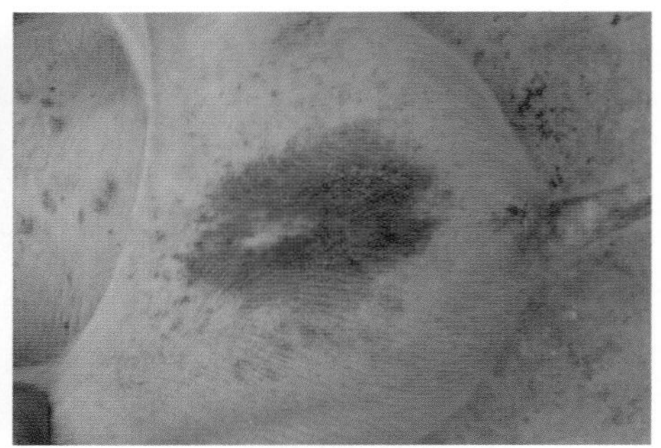

皮肤有紫红色斑块，呈“刮痧状”

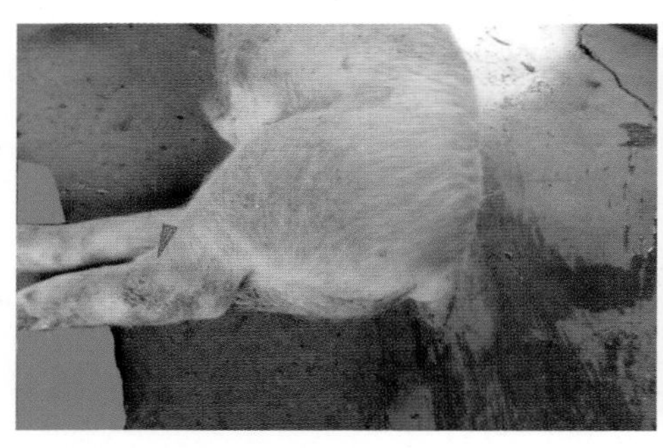

互相咬尾感染猪链球菌死亡，关节肿大

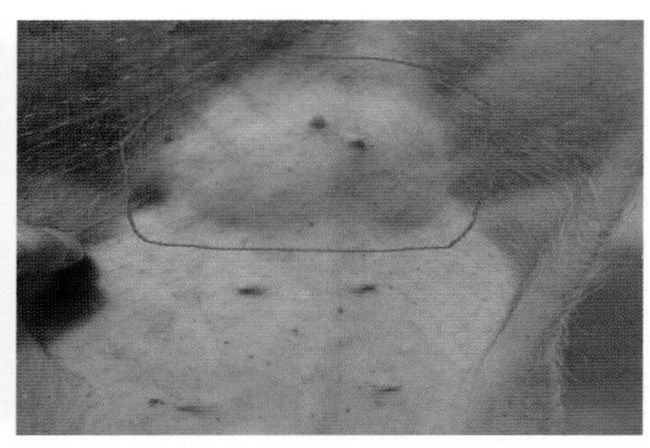

猪淋巴结脓肿：颌下、腹股沟淋巴结脓肿

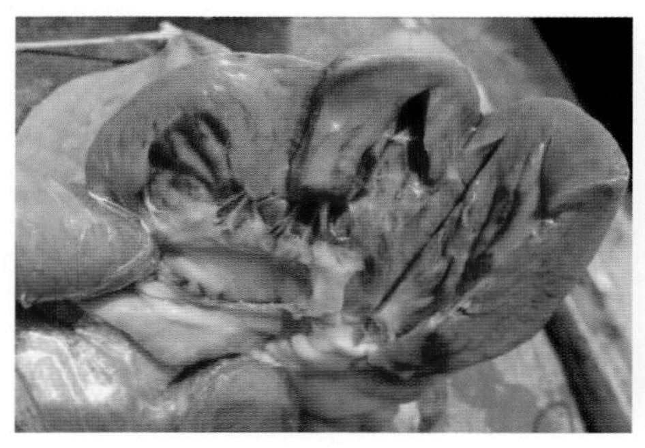

心内膜出血

脑膜充血或出血

髓软膜充血或出血，心内膜炎，心瓣膜上有菜花样疣状物。链球菌心内膜炎和关节炎病变症状类似于猪丹毒。

4. 综合防治措施

保持猪舍清洁干燥，定期消毒。病猪用青霉素、链霉素、磺胺类药物治

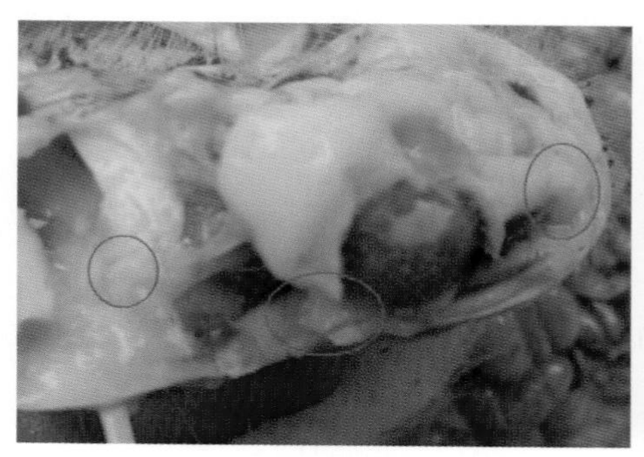

关节腔脓性液体

肺脓肿

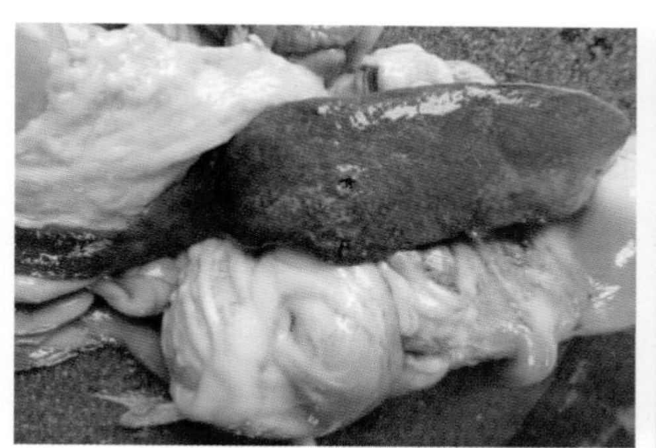

脾脏肿大，呈蓝紫色

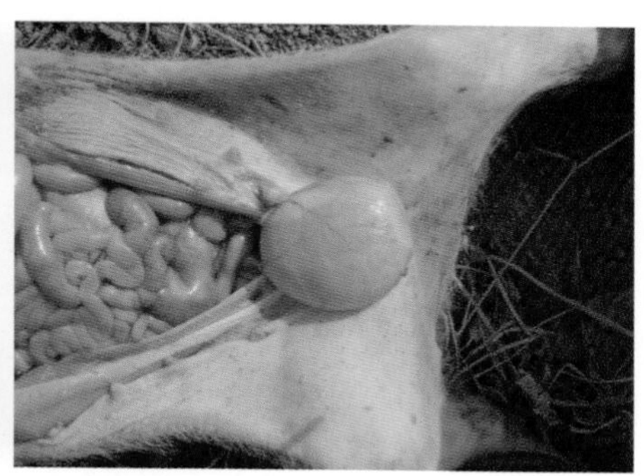

肾肿大、充血、出血，膀胱积尿

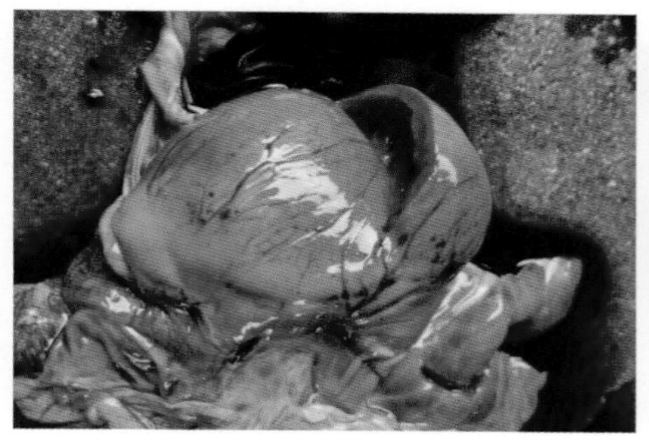

心肌出血

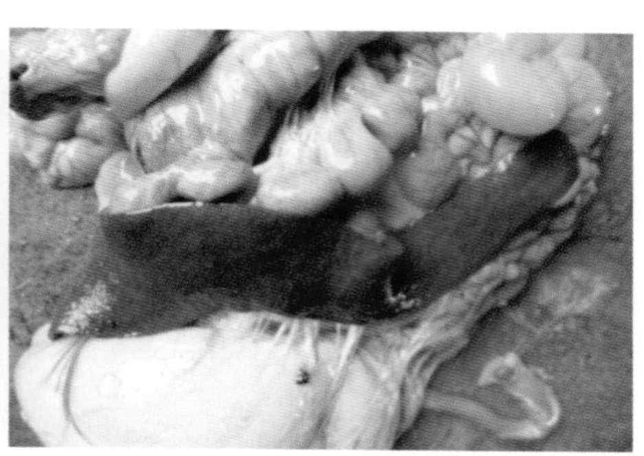

脾脏肿大，呈蓝紫色

肺切面化脓灶

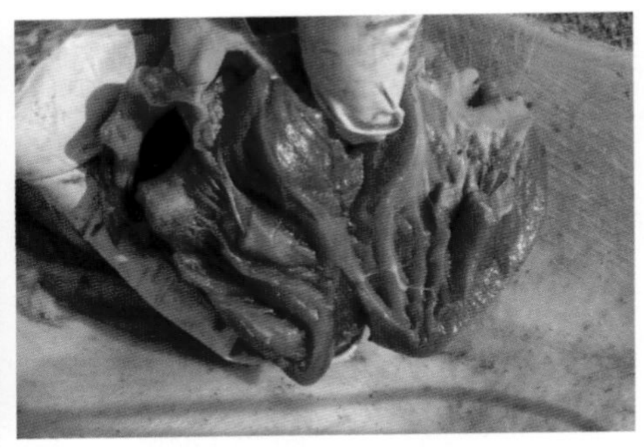

心瓣膜上的菜花样疣状物。猪链球菌病的心内膜炎和关节炎病变症状类似于猪丹毒

疗。给病猪肌注抗菌药、抗炎药（如地塞米松），经口给药无效；青霉素5万U/kg，每日2次，连用3 d；磺胺嘧啶是治疗链球菌性脑膜炎的首选药物；延长治疗周期，不低于1周。

五、猪传染性胸膜肺炎

猪传染性胸膜肺炎又称坏死性胸膜肺炎，是由胸膜肺炎放线杆菌引起的一种急性接触性呼吸道传染病。不同年龄的猪均易感，以2~4月龄、30~60 kg猪多发。本病以急性出血性纤维素性肺炎和慢性纤维素性坏死性胸膜炎为主要特征。急性期死亡率很高，慢性者耐过，与毒力和环境因素有关，还与猪繁殖与呼吸综合征、圆环病毒病、伪狂犬病等有关。典型病理变化为两侧性肺炎，胸膜粘连。通过猪间的直接接触或通过短距离飞沫传播。本病一年四季均可发生，多发于4~5月和9~11月。脾脏附着“蛋花”状纤维素物质，肺可见萎缩。

1. 临床症状

（1）最急性型：数头猪突然发病，病程短，死亡快。病猪体温升高达41℃，食欲废绝，有短期的下痢和呕吐。病死猪的双耳、腹部、四肢皮肤发绀，濒死前口鼻流出血样泡沫液体。初生猪则为败血症致死。偶有突然倒地死亡猪。

（2）急性型：许多猪只高热，拒食及精神不振，发病较急；体温升高至40~41.5℃，呼吸极度困难，咳嗽；常站立或犬坐而不愿卧地；张口伸舌，鼻盘和耳尖、四肢皮肤发绀。如不及时治疗，常于1~2 d窒息死亡。病初临床症状表现缓和，能耐过4 d以上者，临床症状逐步减轻，常能自行康复或转为慢性。

（3）亚急性型和慢性型：发生在急性症状消失之后，临床症状较轻，一般表现为体温升高，食欲减少，精神沉郁，不愿走动，喜卧地，间歇性咳嗽，消瘦，生长缓慢。若混合感染巴氏杆菌或支原体时，则病程恶化，病死率明显增加。

极度的呼吸困难，口鼻周围有含血的泡沫液

2. 剖检变化

（1）急性死亡病例仅有肺炎变化，两侧肺呈紫红色，肺和胸膜粘连，

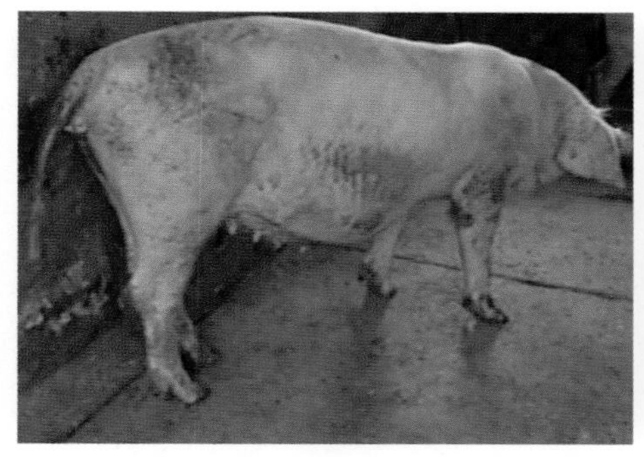
体温升高达41℃，病猪精神沉郁，食欲不振，呼吸困难

极度的呼吸困难，张嘴呼吸

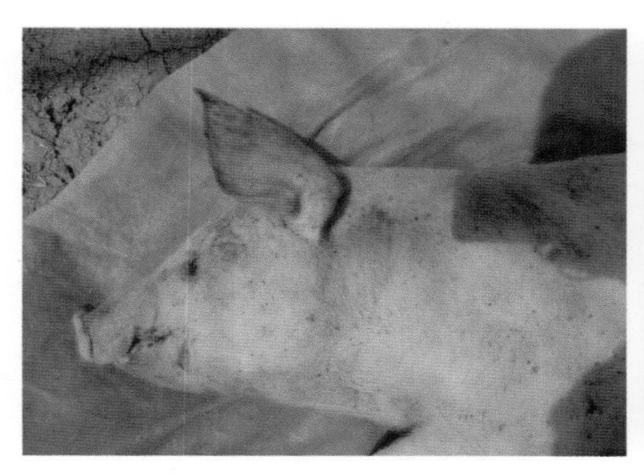
病猪鼻、耳、腿，以至全身的皮肤出现紫斑后死亡

部分病猪不表现明显的呼吸困难，但发热、懒动。卧地时四肢收拢，可能是为了降低胸膜压力，减轻疼痛

心脏和膈膜损伤。可见病变主要在呼吸道，胸腔积液和纤维素性胸膜炎。肺充血、出血。气管、支气管中充满泡沫状、血性黏液及黏膜渗出物。

（2）急性型：喉头充满血样液体，双侧性肺炎，常在心叶、尖叶和膈

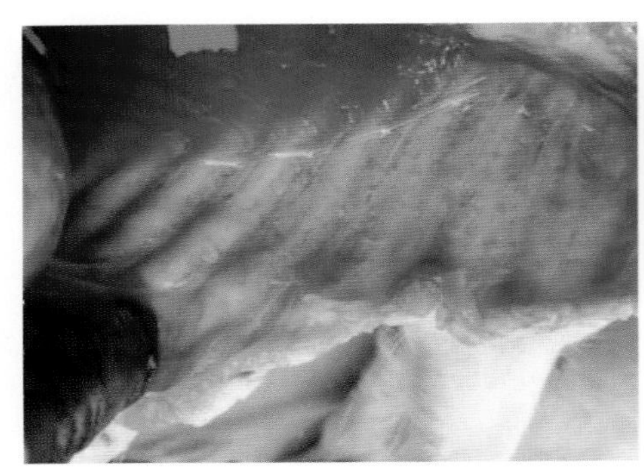

胸膜出血，附着黄白色纤维素性物质

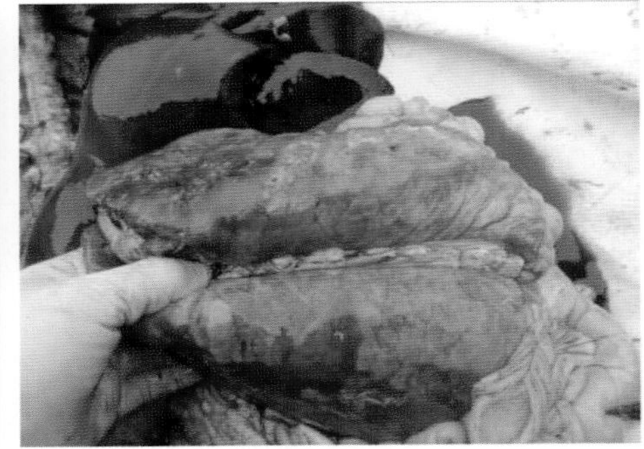

肺黑红色“大理石”状花纹，最严重处肺硬化（肝变）

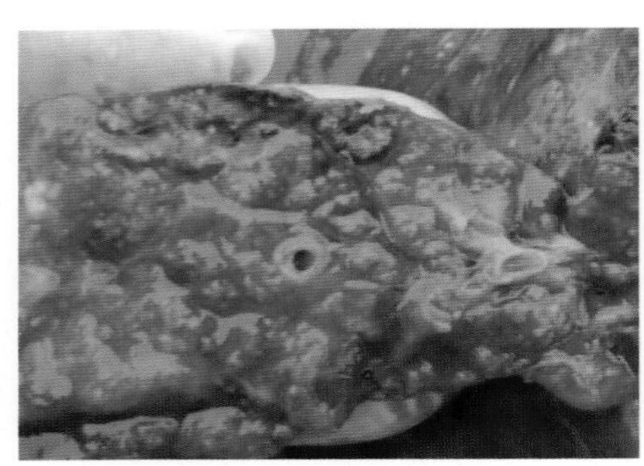

肺间质充满血色胶冻样液体

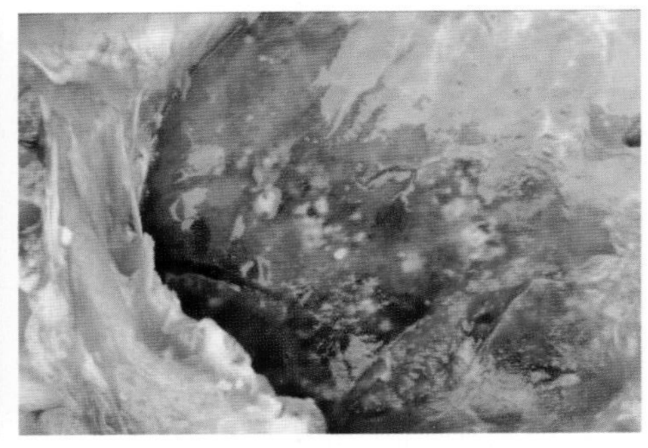

慢性型形成大小不同的结节

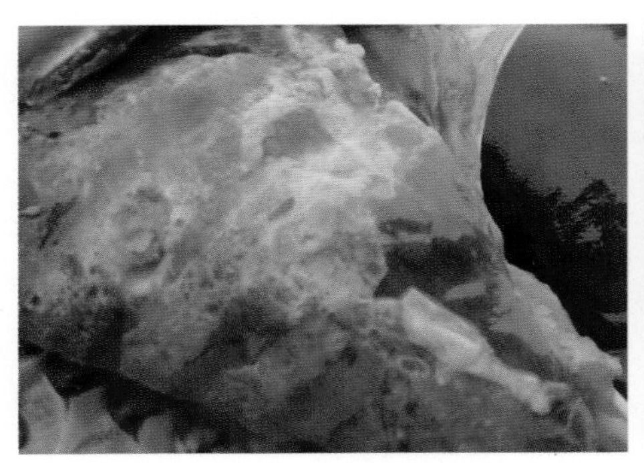

肺表面纤维素炎症

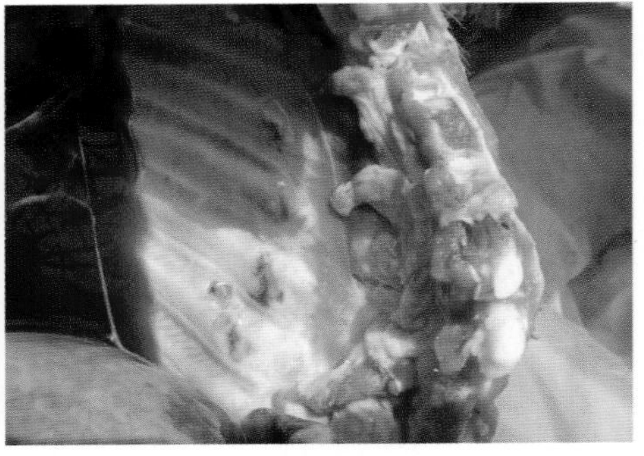

胸膜附着白色纤维素性物质，肺和胸膜粘连，以致剖检时难以分离。该图片胸膜破损处是肺与胸膜粘连，强行分离所致

叶出现紫红色、坚实、轮廓清晰病灶。肺间质积留血色胶冻样液体。肺早期损伤黑红色，感染最严重处肺硬化，随着时间推移损伤部位缩小，直到转为慢性，形成大小不同的结节。

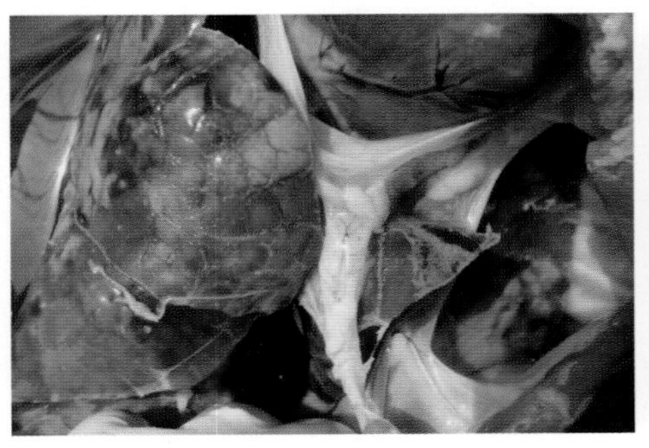

肺淤血、出血和水肿，附着纤维素假膜

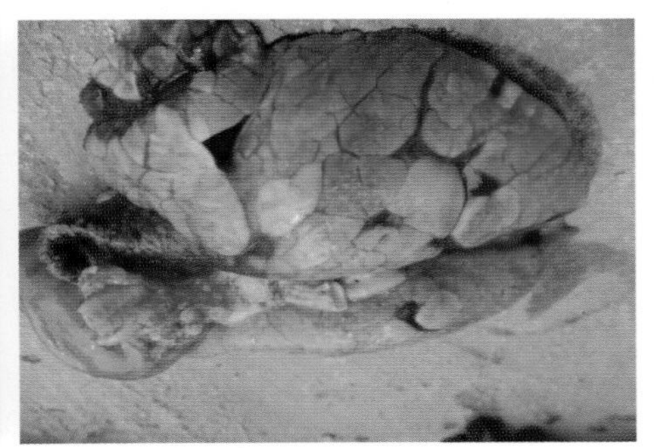

肺脏间质充满血色胶冻样液体

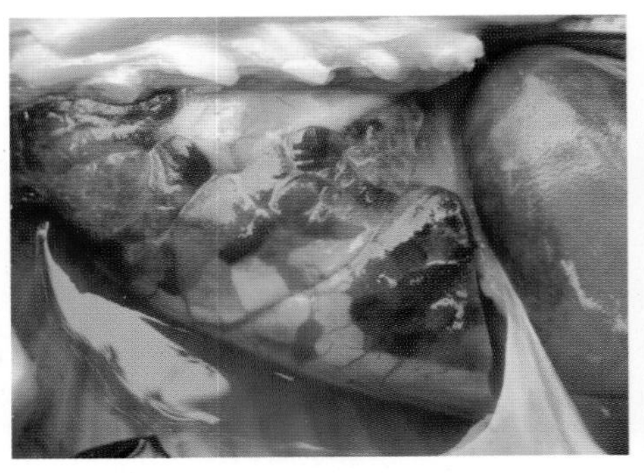

胸腔积液，肺充血、出血。病变组织与周围组织界限分明

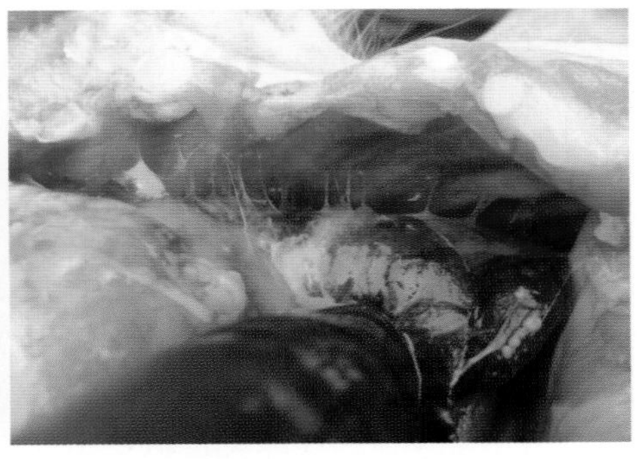

病程较长时肺炎区硬实，肺炎病灶稍凸出表面，并与胸膜发生粘连，难以剥离

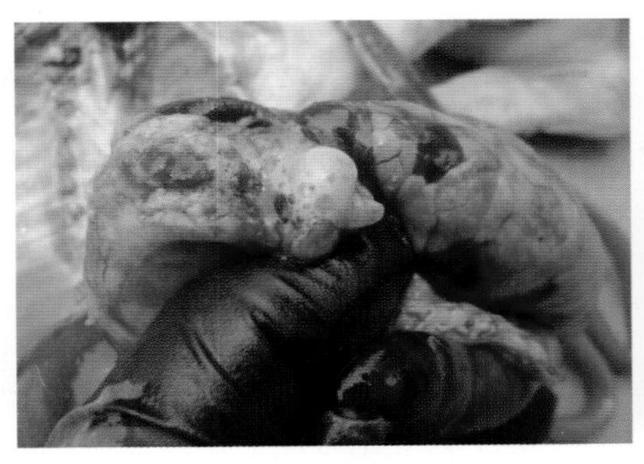

气管、支气管中充满泡沫状、血性黏液及黏膜渗出物

肺切面呈大理石状花纹

（3）慢性型：有的慢性病例在膈叶上有大小不一的脓肿样结节。胸腔积液，胸膜附着淡黄色渗出物。病程较长时可见硬实的肺炎区，肺炎病灶稍凸出表面，常与胸膜发生粘连，肺尖区表面有结缔组织化的粘连附着物。

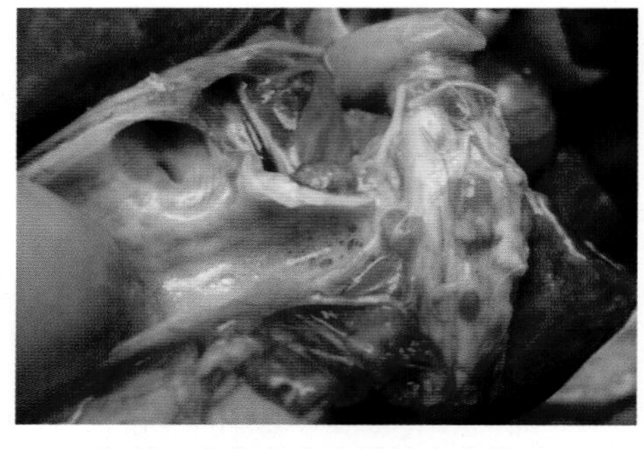

气管、支气管中充满浅血色泡沫

3. 综合防控措施

本病临床治疗效果不明显。感染最初阶段，抗生素的使用是有效的。严重感染病例肺病损，很难恢复。

（1）支原净、强力霉素或氟甲砜霉素拌料，连续用药 5~7 d，有较好的疗效。

（2）硫酸阿米卡星注射液肌肉注射或静脉滴注，1.5~2.5 g/50 kg 体重，每日两次，连用 4 d。

（3）氟甲砜霉素肌肉注射或胸腔注射，每日 1 次，连用 3 d 以上。

（4）青霉素肌肉注射，3 万 ~5 万 IU/kg，每日两次，连用 3~5 d。

六、猪传染性萎缩性鼻炎

猪传染性萎缩性鼻炎是由支气管败血波氏杆菌（主要是 D 型）和产毒素多杀巴氏杆菌（C 型）引起的一种呼吸道慢性传染病，也称鼻甲骨萎缩病。临床特征为鼻炎，颜面变形，鼻甲骨尤其是鼻甲骨下卷曲，发生萎缩，生长迟缓。现在该病被分为两种：一种是非进行性萎缩性鼻炎，主要是由产毒素的支气管败血波氏杆菌引起；另一种是进行性萎缩性鼻炎，主要由多杀性巴氏杆菌引起。有时也可能是由支气管败血波氏杆菌和产毒素的多杀性巴氏杆菌共同感染所致。2~5 月龄猪多发病。在猪之间传播，多为散发或地方流行性。

1. 临床症状

（1）支气管败血波氏杆菌病：病猪体温正常，打喷嚏，鼻塞、鼻炎，有时伴有黏液、脓性鼻分泌物，连续或断续性发病，呼吸有鼾声。鼻汁中含黏液脓性渗出物。猪群中出现持续的鼻甲骨萎缩。大猪产生轻微症状或无症状。由于鼻泪管阻塞，常流泪，被尘土粘污后在眼角下形成黑色痕迹。鼻腔内有大量黏稠脓性，甚至干酪性渗出物。

（2）多杀性巴氏杆菌病：一般临床症状在4~12周龄猪才见到。猪只常因鼻炎而表现不安，用前肢搔抓鼻部，或鼻端拱地，或在猪圈墙壁、食槽边缘摩擦鼻部，并留下血迹。初期有打喷嚏及鼻塞的症状，由于经常打喷嚏而造成的鼻出血，多为单侧，程度不一。在猪圈的墙壁上和猪体背部有血迹。特征病变是鼻软骨变形，上颌比下颌短，有面部被上推的感觉，当骨质变化严重时可出现鼻盘歪斜。

2. 剖检变化

病变多局限于鼻腔和邻近组织。病早期可见鼻黏膜及额窦有充血和水肿，鼻有多量黏液性、脓性，甚至干酪性渗出物蓄积。病程进一步发展，鼻软骨和鼻甲骨软化和萎缩。大多数病例，最常见的是下鼻甲骨卷曲受损，鼻甲骨上下卷曲和鼻中隔失去原有的形状，弯曲或萎缩。鼻甲骨严重萎缩时，使腔隙增大，上下鼻道的界限消失，鼻甲骨结构完全消失，常形成空洞。

初期鼻塞造成吸气性呼吸困难

3. 综合防控措施

在该病暴发时，各年龄猪都要治疗，不要只治疗上市猪。随着流行减轻，要首先减少快上市猪用药量。为了防止药物残留，商品猪上市前至少要停药4~5周或更长时间。

鼻泪管阻塞，常流泪，被尘土粘污后在眼角下形成黑色痕迹。鼻腔有大量黏稠脓渗出物

猪传染性萎缩性鼻炎：鼻甲骨萎缩、变形，鼻痒，喜欢用鼻擦地

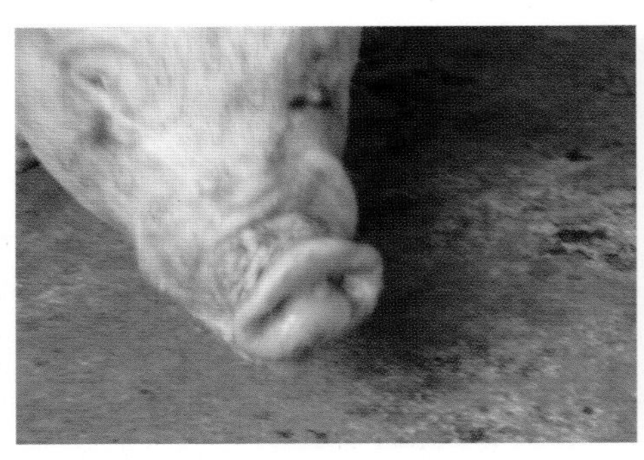
打喷嚏及鼻出血，鼻软骨变形。骨质变化严重时可出现鼻盘歪斜，即特征性病变“嘴歪眼斜”状

由于鼻泪管阻塞，常流泪，被尘土粘污后，在眼角下形成黑色痕迹

鼻盘湿润，鼻腔内有大量黏稠脓性，甚至干酪性渗出物

其中一头花猪，因鼻黏膜屏障破坏，引起肺部病症，造成呼吸困难

药物治疗要结合良好的饲养管理措施，包括圈舍卫生环境和通风换气等。

（1）早期预防使用抗生素，一般仔猪在 3 d、7 d 和 14 d 时注射多西环素，断奶仔猪在饲料中加抗生素，连喂几周。

（2）注射猪传染性萎缩性鼻炎疫苗。

（3）“全进全出”管理，保持良好的卫生条件，积极消除病因。

（4）磺胺间甲氧嘧啶拌料或者肌注，同时卡那霉素滴鼻。

七、猪鼻支原体病

猪鼻支原体病是由猪鼻支原体引起，临床特征是多发性浆膜炎和关节炎。3~10 周龄仔猪多发病，一旦有一头感染猪鼻支原体，就会迅速传播至整个猪群。10% 母猪的鼻腔和鼻窦分泌物中有该菌，能从 40% 断奶猪的鼻腔分泌物中分离到本病原，本病原也经常存在于屠宰的病猪肺中。猪鼻支原体普遍存在于病猪的鼻腔、气管和支气管分泌物中，主要经飞沫和直接接触传染。

1. 临床症状

病猪感染后第 3~4 d 出现被毛粗乱，第 4 d 左右体温升高，但很少超过 40.6℃。病程有些不规律，5~6 d 后可能平息下来，但几天内又复发。病猪表现精神沉郁，食欲减退，体温升高，四肢关节尤其是跗关节或膝关节肿胀，跛行；腹部疼痛，有时出现呼吸困难。个别猪突然死亡，而多数病猪 10~14 d 后症状开始减轻，或仅表现关节肿大和跛行。慢性病猪表现关节炎症状。在该病的亚急性期，关节病变最为严重。病猪 2~3 个月后跛行和肿胀可能减轻，但有些猪 6 个月后仍然跛行。

关节肿大，触诊可感觉热痛和波动感

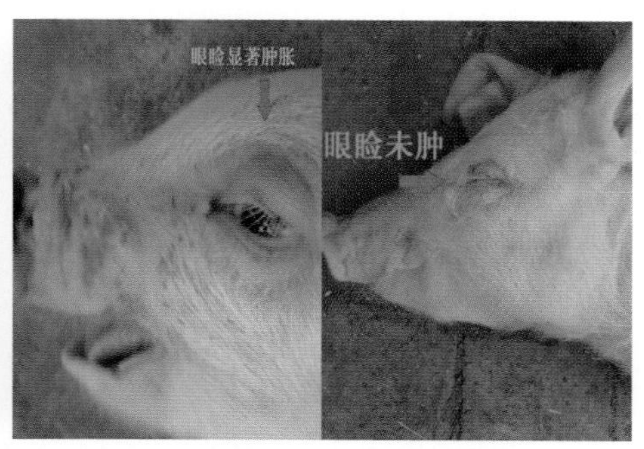

眼睑对比：左图副猪嗜血杆菌病，右图鼻支原体病

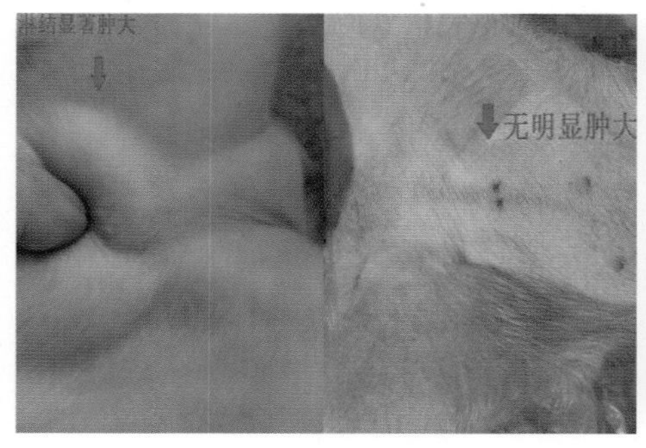

腹股沟淋巴结对比：左图副猪嗜血杆菌病，右图鼻支原体病

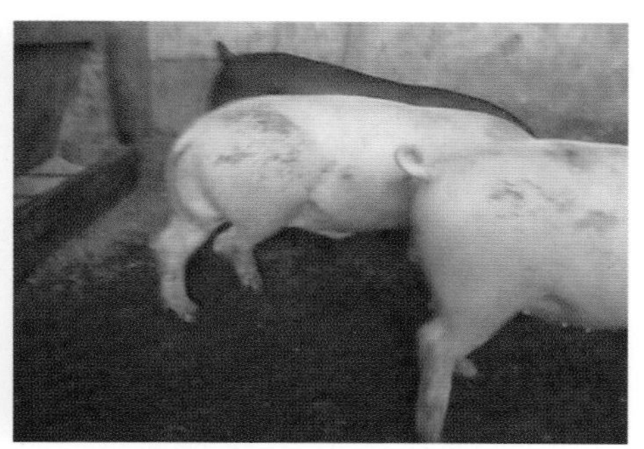

病猪行走困难、姿势异常和跛行

2. 剖检变化

病猪可见浆液性纤维素性心包炎、胸膜炎和轻度腹膜炎，上述各处积液增多。肺脏、肝脏和肠的浆膜面常见到黄白色网状纤维素物质。被侵害的关节肿胀，滑膜充血，滑液量明显增加并混有血液。慢性病猪受害关节滑膜与浆膜面增厚，并可见纤维素性粘连。滑膜充血、肿胀，滑液中有血液和血清。虽然可见到软骨腐蚀现象和关节翳形成，但病变趋向于缓和。

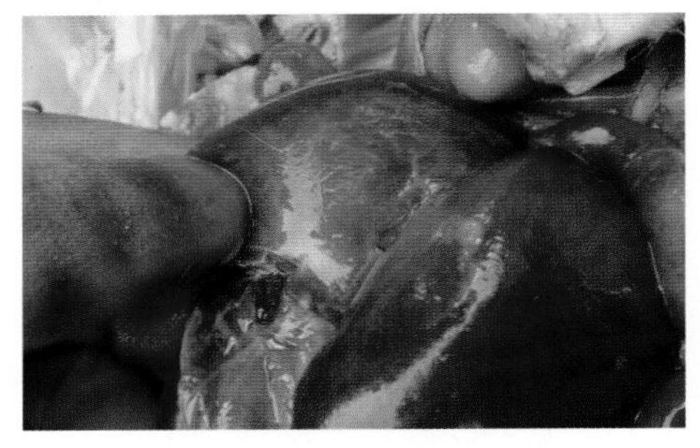

腹膜炎：肝脏浆膜白色云雾状和黄色纤维素假膜

3. 综合防控措施

搞好饲养管理，尽量减少呼吸道、肠道疾病或应激因素的影响。猪鼻支原体感染，临床上相关疫苗

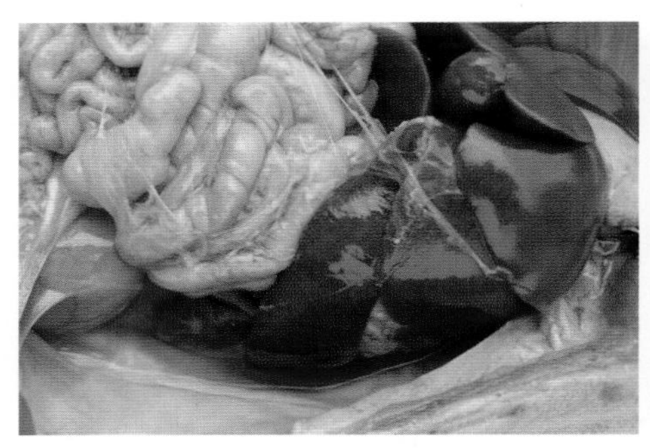

腹膜炎：腹腔脏器覆盖黄色纤维素假膜

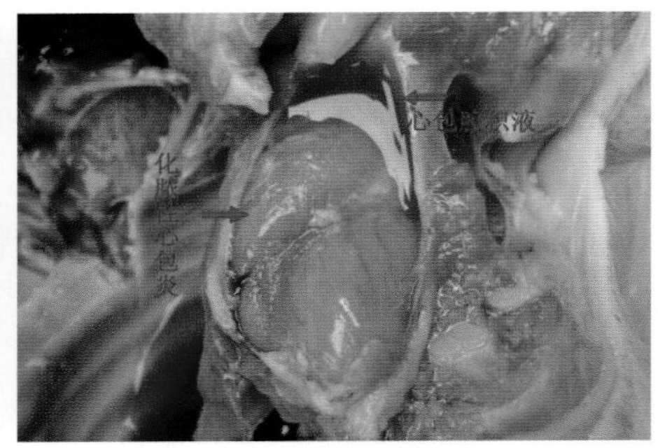

心包积液，表面有绒毛状纤维素假膜

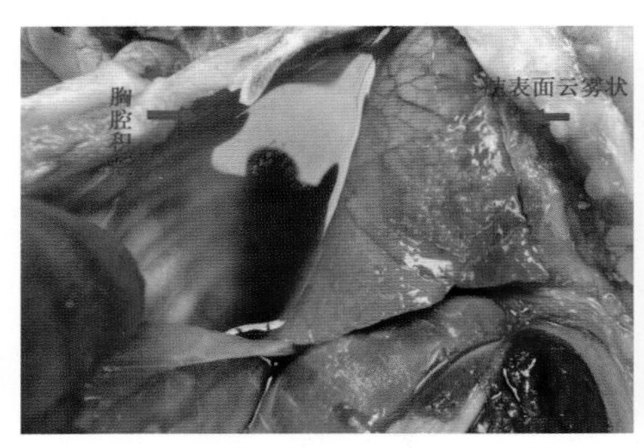

肺脏呈现间质性肺炎病变，肺脏与胸廓粘连，少数猪胸腔大量积液

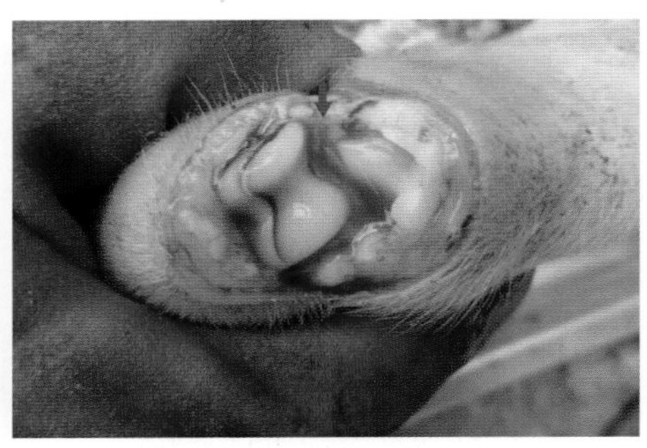

滑膜充血、肿胀，混有血液和血清

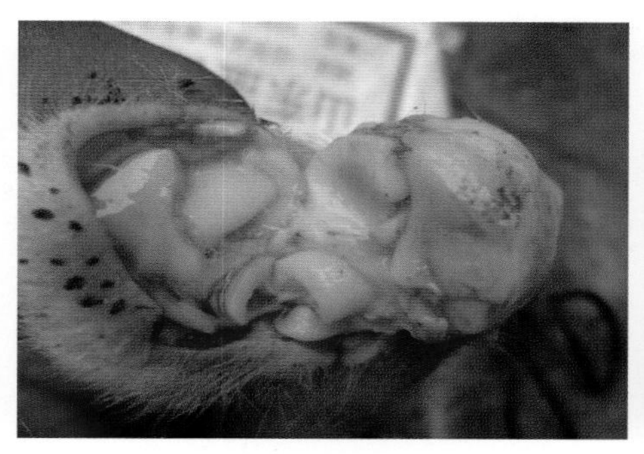

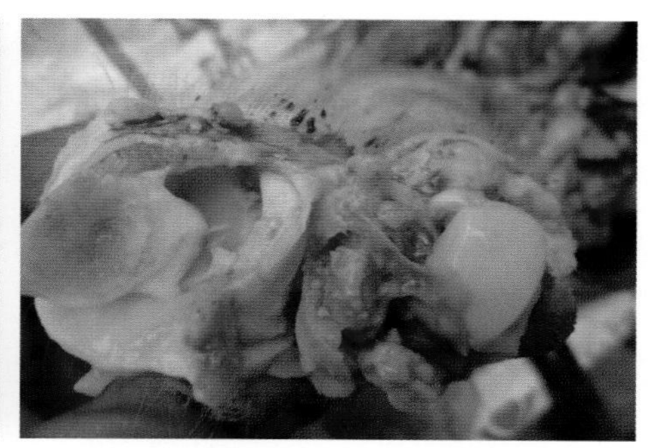

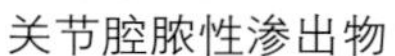

关节腔脓性渗出物

关节滑膜变厚，周围结缔组织增生

较少且效果不明显，多使用药物治疗。在自然状态下，猪鼻支原体感染多呈慢性应答且炎症反应长期存在，因此，要及早发现并隔离治疗。

林可霉素，混饲：每吨饲料用 44~77 g；肌肉注射：10~20 mg/kg。泰乐菌素，混饲：每吨饲料用 100 g；肌肉注射，2~10 mg/kg。

八、猪肺疫

猪肺疫又称猪巴氏杆菌病，俗称“锁喉风”“肿脖瘟”，是猪感染某些血清型的多杀性巴氏杆菌引起的一种急性热性传染病。一年四季均可发病，多发于春初秋末气候骤变时期，死亡率高，未死亡的多转为慢性。该病具有小范围、高频次暴发的特征。猪肺疫呈急性或慢性经过，急性型呈败血症，咽喉部肿胀，高度呼吸困难，不同年龄的猪都易感。

1. 流行特点

多杀伤性巴氏杆菌是一种条件性病原菌，寒冷、闷热、气候剧变、潮湿、拥挤、通风不良、营养缺乏、疲劳、长途运输等不利环境因素，会诱发病原菌大量增殖并发病。

猪肺疫传染源为病猪和健康带菌猪。病菌存在于急性型或慢性型病猪的肺脏病灶，最急性型病猪的各个器官，某些健康猪的呼吸道和肠管中，经分泌物和排泄物排出。

病猪经分泌物、排泄物等排菌，污染饮水、饲料、用具及外界环境，经消化道传染给健康猪。随咳嗽、打喷嚏排出病原，通过飞沫经呼吸道传染。吸血昆虫叮咬皮肤和黏膜伤口都可传染。

一般本病无明显的季节性，冷热交替、气候多变、高温季节多发病，呈散发性或地方流行性。最急性型猪肺疫，常呈地方流行性；急性型和慢性型猪肺疫多呈散发性，常与猪瘟、猪支原体肺炎等混合感染继发。各年龄猪均对本病易感，尤以中猪、小猪易感性更大。其他畜禽也可感染本病。

2. 临床症状

（1）最急性型：病猪常不见任何症状突然死亡。病程稍长的病猪体温升高到 41~42℃，食欲废绝，咽喉部红肿，呼吸困难，呈犬坐姿势。口鼻流出白色泡沫状液体，有时带有血色，似中毒症状。病程 1~2 d，很快死亡。

（2）急性型：病猪症状与最急性型相似，只是病程为 5~8 d。病猪体温升高，有咳嗽症状，初期为痉挛性干咳，后变为湿咳；呼吸困难，口鼻流出白沫，有时混有血液，胸部触诊有痛感。病猪精神不振，食欲废绝，皮肤有红斑，衰弱无力，多窒息死亡。

（3）慢性型：由急性型转变而来。病猪有持续性咳嗽和呼吸困难，鼻流少许黏液或脓性鼻液；关节肿胀，食欲不振，腹泻，有痂样湿疹，极度消瘦。病程 14 d 以上，最终死亡。

3. 剖检变化

（1）最急性型：全身黏膜、浆膜和皮下组织有出血点，以喉头及其周围组织的出血性水肿最典型。颈部皮下有大量胶冻样、淡黄或灰青色、纤维素性浆液。全身淋巴结肿胀、出血。心外膜及心包膜上有出血点、肺急性水肿，脾不肿大，皮肤有出血斑。

（2）急性型：典型病变是纤维素性肺炎，气管、支气管内有多量泡沫黏液。肺有不同程度肝变区及坏死灶，伴有气肿和水肿。肺小叶呈浆液性浸润，肺切面呈大理石样，胸膜与病肺粘连，胸腔及心包有积液，胸膜有纤维素性附着物。

（3）慢性型：肺肝变区扩大，有灰黄色或灰色坏死，内有干酪样物质，有的形成空洞，高度消瘦，贫血，皮下组织有坏死灶。

4. 诊断

根据流行病学、临床症状和病理变化，可以作出初步诊断，实验室检测确诊。

（1）涂片镜检和分离培养：采取疑似病猪或发病猪静脉血或剖检采集心血、各种渗出液、实质脏器，取病死猪脏器组织磨碎后涂片，瑞氏染色镜检，可见到两极着色较深的小杆菌。无菌操作取病料，接种麦康凯和鲜血琼脂培养基，37° 培养 24 h 后观察。麦康凯培养基上无菌生长，鲜血琼脂培养基上长出湿润、水滴样小菌落，周围不溶血。

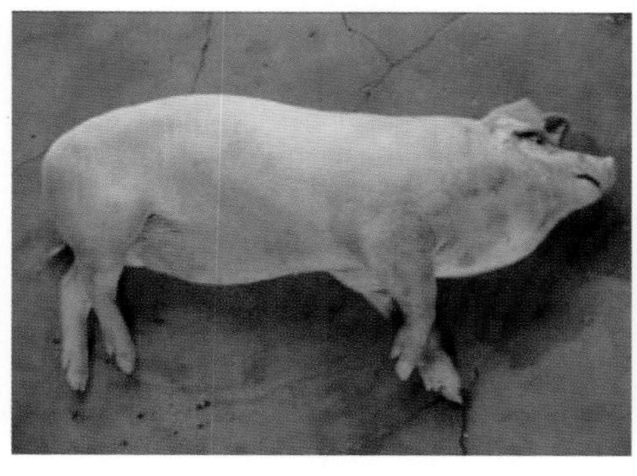

急性败血型：发病突然，1~2 d 死亡。咽喉部肿胀（锁喉风）

可视黏膜和皮肤发绀。呼吸高度困难，特征性的张口呼吸。病猪颈部前伸，发出痛苦的喘鸣声

呼吸困难，呈犬坐姿势，特征性张口呼吸（腹部突然收缩）

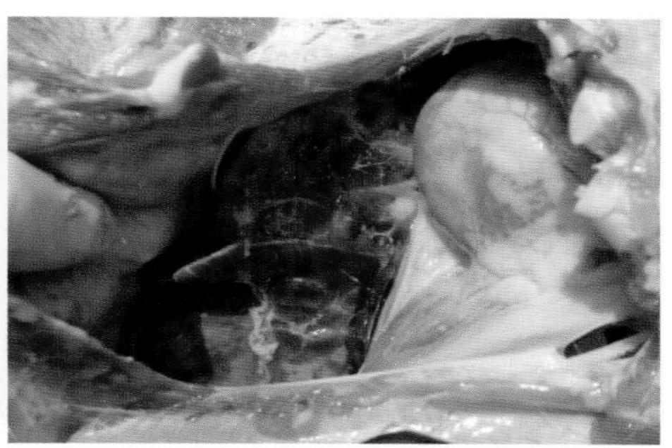

肺有纤维素性炎症

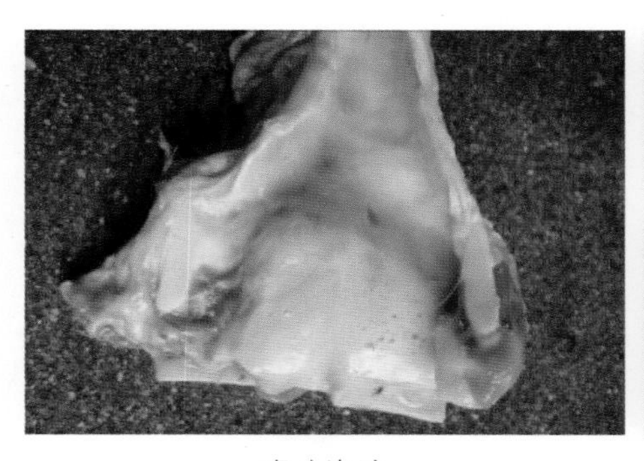

喉头泡沫

肺气肿

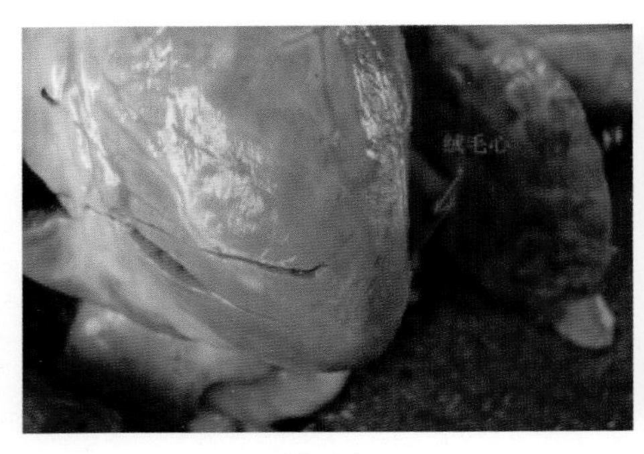

绒毛心

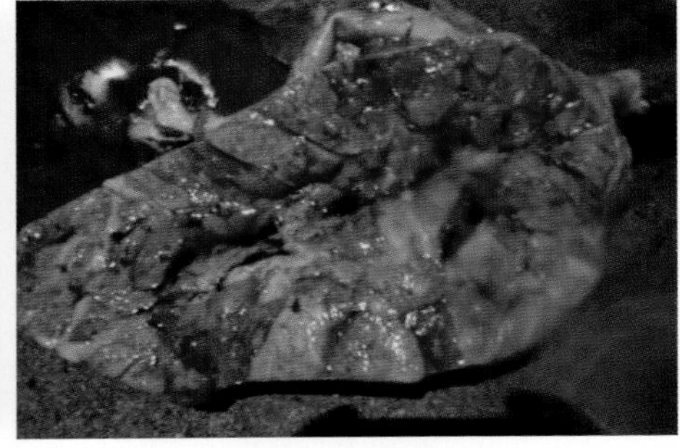
肺切面大理石状

（2）病原菌检测：提取组织样品或全血或分离菌的DNA，通过聚合酶链式反应检测有无病原菌目的条带。

5. 综合防控措施

目前接种疫苗是预防猪肺疫的最有效手段，每年春、秋两季进行猪群的集中免疫。对仔猪，一般使用猪肺疫氢氧化铝甲醛菌苗。该种疫苗在注射14 d后发挥效用，免疫保护期为6个月。弱毒菌苗需要用冷开水稀释，拌料饲喂。通常仔猪在食用7 d后产生免疫力，且免疫保护期达10个月。经过疫苗免疫不能排除发病的可能，有条件的养殖场需定期进行抗体监测，保证猪的抗体维持在一定水平，一旦抗体水平不足，应及时补免。

青霉素、链霉素混合，肌肉注射，一日两次，连用3 d。或者注射硫酸卡那霉素，4万U/kg，肌肉注射，一日两次，连用3 d。另外，也可使用盐酸土霉素、多西环素、庆大霉素等治疗。

第八章
猪消化系统疾病

一、猪流行性腹泻

猪流行性腹泻（PED）是由猪流行性腹泻病毒（PEDV）引起的一种急性、高度接触性肠道传染病。不同年龄猪只均可感染，本病对哺乳仔猪的危害最大，7 日龄内仔猪感染后，死亡率可高达 100%。近年来，由 PEDV 变异毒株导致的 PED 大规模暴发，给世界养猪业造成了巨大经济损失。

1. 流行特点

本病一年四季均可发生，冬春寒冷季节多发，仔猪受到冷应激后容易诱发本病；一胎猪和低胎龄猪所产仔猪，发病率相对较高。猪场频繁发生流行性腹泻的原因是不断感染新毒株，毒株不断变异，多由母猪传染仔猪。

本病主要通过直接接触传染，病猪、受病毒污染的水源和饲料、车辆、饲养员在不同猪舍间走动等，都可能传播病毒。有报道说，在带毒母猪的乳汁中也能检测到病毒存在，为本病的防控带来了困难。

2. 临床症状与剖检变化

不同年龄猪只都可感染发病，1 周龄仔猪发病初期，排出黏稠的黄色粪便，混杂有黄白色凝乳块；严重时排出水样粪便，伴有呕吐，机体严重脱水，死亡率高达 100%。断奶仔猪感染后表现为呕吐和厌食，死亡率为 1%~3%；育肥猪或成年种猪感染后，主要表现为厌食和水样腹泻，持续 3~5 d，很少死亡；母猪感染后腹泻或发热，泌乳率下降，导致仔猪消瘦。某些优良品种或病程较短的病死猪，消瘦并不特别明显，但可见眼窝塌陷。

PEDV 感染猪只后，主要定植在小肠黏膜上皮细胞内并大量复制。PEDV 感染 24 h 内破坏小肠上皮细胞，引起猪只肠绒毛萎缩和脱落，而在感染猪的结肠内未能发现组织病理学变化。

PEDV 主要感染猪的消化系统，病变主要集中在小肠。剖检，可见小肠肠壁变薄、透明，内充满淡黄色液体，小肠黏膜萎缩、脱落。严重时肠壁充血，肠系膜淋巴结水肿、出血。脱水严重的猪只胸腹腔干枯，其他组织器官无肉眼可见的明显病理变化。

一般病猪体温正常，精神沉郁，食欲减退或废绝。主要症状为水样腹泻

优良品种或病程较短的病死猪，消瘦并不特别明显，但是可见眼窝塌陷

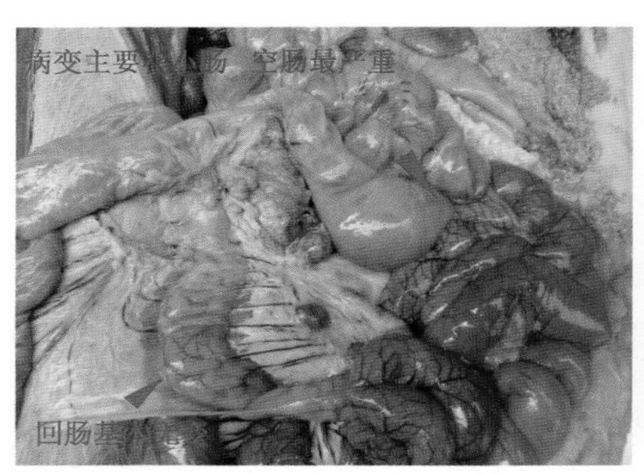

病变仅限于小肠，但尤以空肠最为严重，而回肠变化不大

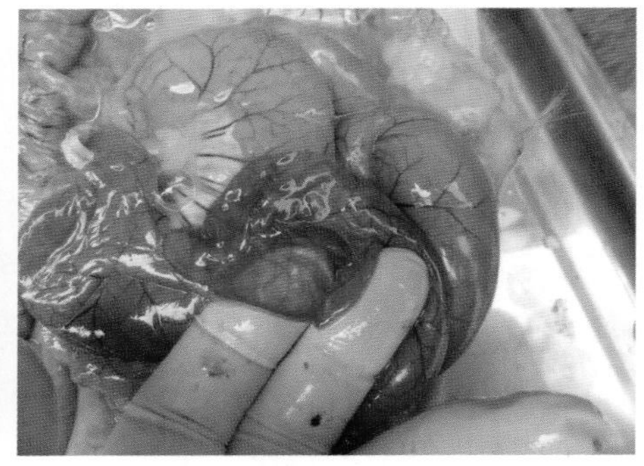

小肠扩张，小肠黏膜充血、出血，内充满黄色液体

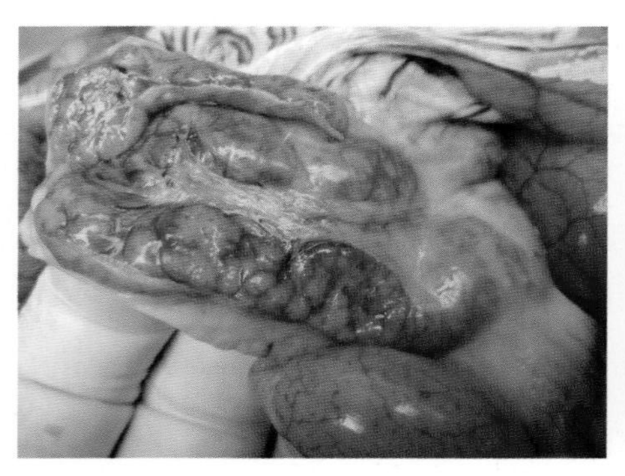

肠系膜淋巴结水肿、出血

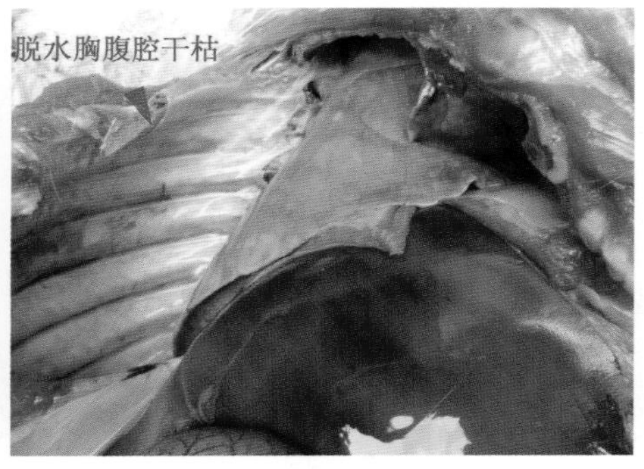

脱水严重的猪只胸腹腔干枯

3. 疾病诊断

由于肠道病原造成的临床症状和病理变化十分相似，因此，通过临床症状和病理变化，本病不能与猪传染性胃肠炎病毒、轮状病毒等肠道病原感染区分，必须进行实验室检测确诊。PEDV 实验室检测最常用的方法是 RT-PCR 检测病原。腹泻仔猪的小肠、粪便和呕吐物等，都可以作为检测本病的材料。根据 TGEV、PEDV 和 RV 3 种猪腹泻病毒的基因特点而设计的多重 RT-PCR，可以一次性快速、准确地区分这 3 种病毒。

4. 综合防控措施

（1）药物治疗：定期用中西药对种猪群进行预防性保健，提高免疫力；及时机体补液，可在一定程度上避免病仔猪因脱水而死亡；使用抗病毒药物，同时配合抗生素，以防止继发性感染；对机体注射高免疫血清和白细胞干扰素，对该病也有一定治疗效果。

（2）疫苗免疫：目前市场上已经有 PED 商品化疫苗，母猪产前 4 周、2 周分别免疫 PEDV 疫苗，通过后海穴（交巢穴）注射疫苗效果较好。由于 PEDV 是肠道病毒，黏膜免疫在机体抵抗病毒的过程中发挥重要作用。通过口服疫苗可刺激机体产生 IgA 和 sIgA，能发挥更有效的作用。

（3）生物安全：猪场内有病毒（PEDV）存在，做好生物安全工作，如进入猪场车辆、物资的消毒，进场人员的消毒和隔离，加强引种后备猪的检测等，对防控 PED 至关重要。

重点防控蓝耳病、猪瘟、圆环病等，以免猪群对 PEDV 更易感；如果猪群发生 PED，持续时间会更长，损失更大。

二、猪传染性胃肠炎

猪传染性胃肠炎（TGE）是由猪传染性胃肠炎病毒（TGEV）引起的，一种急性、高度接触传染性肠道传染病。TGEV 常与猪轮状病毒、猪流行性腹泻病毒、致病性大肠杆菌等病原混合感染，导致规模化猪场仔猪腹泻死亡。

1. 流行特点

本病有较明显的季节性特点，早春和寒冬多发。不同年龄猪均可被感染，10 日龄仔猪病死率高达 90%~100%，断奶仔猪症状较轻，大多可自然恢复。

TGEV 主要通过粪－口途径传播，若猪舍养殖密度大、卫生条件差，可能会造成暴发式传染。

2. 临床症状与剖检变化

TGE 临床症状与 PED 相似。2 周龄仔猪感染后突然呕吐，呕吐物中含有白色凝乳块，接着发生水样腹泻，排出绿色、黄色或者灰白色粪便，机体脱

仔猪呕吐，接着腹泻，或同时发生

水样腹泻

排出黄色糊状或水样粪便，腥臭

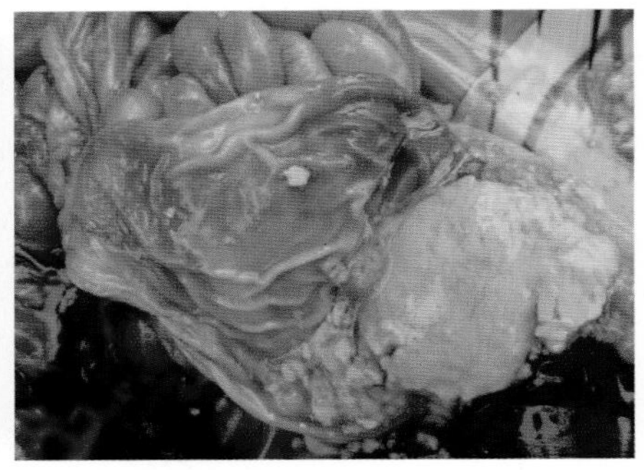

胃胀气，剖开可见未消化的乳块，胃底潮红充血

小肠壁菲薄，有的部分肠管胀气

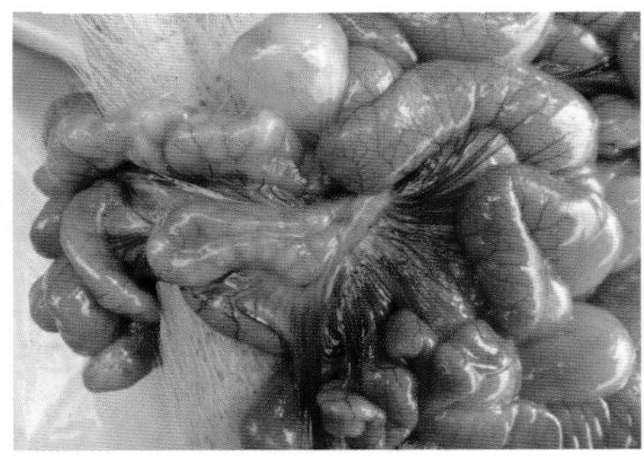

病变在小肠和胃，肠系膜淋巴结肿胀，血管扩张淤血

水，死亡率高达 100%；2~3 周龄仔猪死亡率为 0~10%；断奶仔猪感染后，表现为呕吐、厌食和水样腹泻，很少死亡；母猪感染后症状较轻，严重者体温升高、泌乳减少、食欲不振或腹泻。

剖检病死仔猪，可见机体明显脱水。胃内含有大量凝乳块，胃底黏膜发炎、潮红充血。小肠含有大量黄绿色液体；肠壁菲薄，呈透明状；肠系膜淋巴结肿胀、充血。

3. 疾病诊断

根据病猪临床症状和病理变化，可作出初步诊断。该病易与猪流行性腹泻相混淆，确诊可参考猪流行性腹泻的实验室检测结果。

4. 综合防控措施

（1）药物治疗：目前该病还没有特效药物，只能对症治疗。预防脱水和酸中毒，可口服补盐液或静脉注射 5% 葡萄糖生理盐水；预防细菌感染，可添加硫酸氢钠霉素注射液。此外，可给予病猪黄芪多糖和病毒灵注射液抗病毒治疗。

（2）免疫预防：选择使用商品化猪流行性腹泻 – 猪传染性胃肠炎 – 猪轮状病毒三联或二联疫苗，定期免疫接种。母猪可在产前 20~30 d 接种，能够有效预防本病。

（3）做好猪场的生物安全工作。如猪场的日常监测，及时将患病猪隔离，避免病毒进一步扩散蔓延。执行严格的防疫和卫生消毒措施，切断病原的传播途径。科学搭配饲料，保证营养充足，提高猪群自身的抵抗力。

三、猪轮状病毒病

猪轮状病毒病是由轮状病毒（RV）感染引起的，以消化道机能紊乱为主的一种急性肠道传染病。临床上以腹泻、呕吐、酸碱平衡紊乱为主要特征。

猪轮状病毒按病毒内衣壳上群抗原表达的差异性，可分为 A、B、C、D、E、F、G 7 个群，其中 A、B、C、E 4 个群可感染猪。

1. 流行特点

该病常呈地方性流行。不同年龄猪群都能发病，小于 8 周龄的仔猪易发生，尤其是 7~14 日龄的哺乳仔猪，发病率最高可达 90%~100%。

该病主要在气候寒冷的深秋、冬季以及早春季节发生，通常呈散发或者暴发。发病猪和带病毒猪为主要传染源。轮状病毒通过消化道随粪便排出后，污染饲料、饮水和各种生产用具，导致易感猪发病。

发病仔猪精神不振，无力吮乳

排出白色或灰白色糊状、水样至乳脂状粪便，腥臭

粪便中混有凝乳块

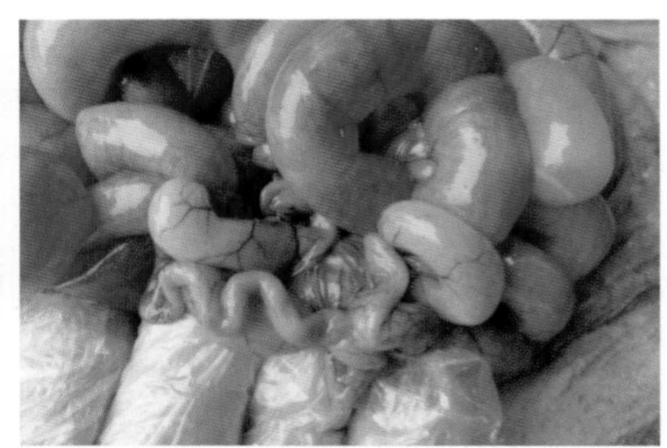

小肠壁菲薄、松弛、膨胀至半透明，内容物为水样、黄色或灰白色液体

胃内充满凝固乳块

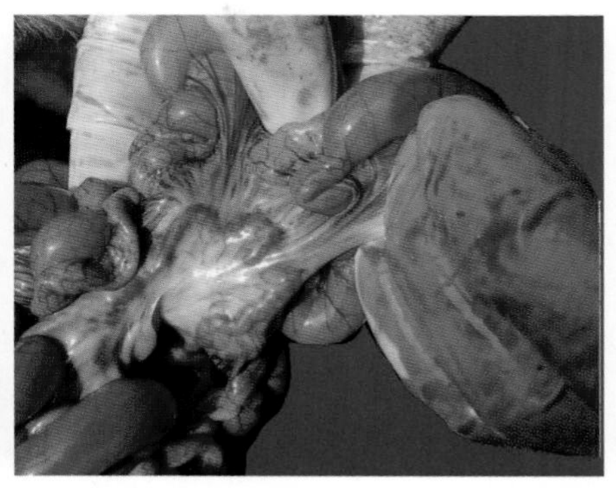

肠系膜淋巴结变小且呈棕褐色

2. 临床症状及剖检变化

发病仔猪精神不振，无力吮吸。病猪排出糊状或者水样粪便，呈白色或者灰白色，混杂一定量的絮状物，散发腥臭味。部分病猪会发生呕吐，一般腹泻持续 3~5 d 后逐渐恢复。该病对没有吮食初乳的新生仔猪危害最大，病死率高达 100%；10~20 日龄的哺乳仔猪症状较轻，通常 2~3 d 即可康复，致死率较低；成年猪和种猪往往呈隐性感染。

剖检变化主要是小肠发生病变。小肠弥漫性出血，肠壁菲薄、松弛、膨胀至半透明，内容物呈水样、黄色或灰白色液体，肠系膜淋巴结变小且呈棕褐色，肠绒毛萎缩。胃肠弛缓，胃内含有大量乳汁和凝乳块。

3. 诊断

同猪传染性胃肠炎诊断。

4. 综合防控措施

同猪传染性胃肠炎防治。

四、猪大肠杆菌病

猪大肠杆菌病是由致病性大肠杆菌引起，包括仔猪黄痢、仔猪白痢和仔猪水肿病 3 种，临床上以发生肠炎、肠毒血症为特征，是仔猪最常见的传染病。仔猪黄痢 1 周龄仔猪常发，以排黄色水样粪便和迅速死亡为特征。仔猪白痢以排乳白色或灰白色、腥臭的浆状稀粪为特征，发病率高，而死亡率低。

仔猪水肿病是断奶仔猪常发的一种急性、致死性疾病，临床特征为全身或局部麻痹、共济失调和眼睑水肿。

1. 流行特点

仔猪黄痢多发生于炎夏和寒冬潮湿多雨季节，1 日龄仔猪最易感染，一般出生后 3 d 即发病，特别是初产母猪产的仔猪更易发病。猪场卫生条件不好、新生仔猪初乳吃的不够，或者母猪乳汁不足，产房温度不足，仔猪受凉，都会诱发本病。

10~20 日龄哺乳仔猪多发白痢，以严冬、早春及炎热季节发病较多。

2. 临床症状及剖检变化

（1）仔猪黄痢：病仔猪口渴、脱水，一般无呕吐现象。排黄色水样或糊状稀便，顺肛门流下。粪便中含有未消化的凝乳块，有腥臭味，随后拉稀愈加严重，间隔数分钟即排水样粪便。病猪脱水严重，体重迅速下降，最后

患病仔猪黄色下痢

病猪口渴、脱水，一般无呕吐现象。排黄色水样或糊状粪便，顺肛门流下

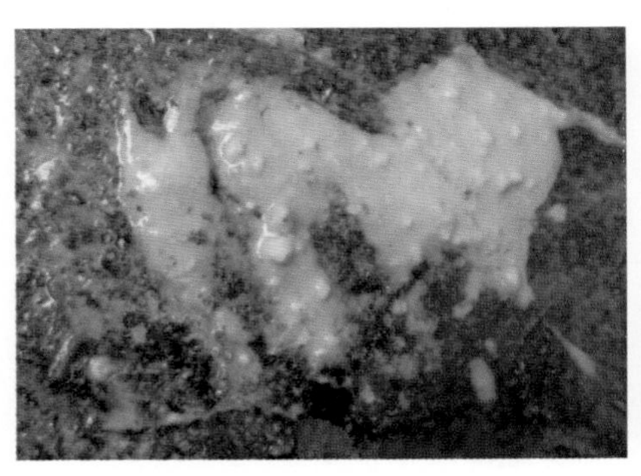

粪便中含有未消化的凝乳块

急性卡他性炎症，黏膜肿胀、充血或出血，内含黄色带气泡的液体

胃膨大，含有未消化的凝乳块

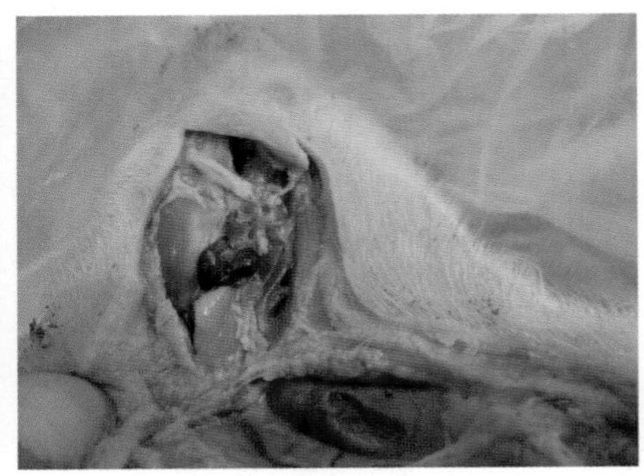

下颌淋巴结肿大、充血和出血

昏迷死亡。

剖检病猪，肠道发生急性卡他性炎症，肠黏膜肿胀、充血或出血，内含黄色带气泡的液体。胃膨大，含有未消化的凝乳块。下颌淋巴结肿大、充血和出血。

（2）仔猪白痢：一般病猪体温不升高，精神尚好，排白色、灰白色、黄白色粥样或水样粪便，有腥臭味，混有气泡。剖检病猪，胃肠卡他性炎症。小肠扩张充气，肠壁菲薄，肠黏膜卡他性炎症，含黄白色酸臭液体。肠系膜淋巴结水肿。胃胀满，内含多量凝乳块，黏膜卡他性炎症。

（3）仔猪水肿病：发病突然，病仔猪体温不高，共济失调，转圈、抽搐，四肢麻痹，呼吸迫促，闭目张口呼吸，最后死亡。病仔猪头颈部、眼睑、结膜等部位出现明显的水肿，故得名“水肿病”。剖检病猪，胃、肠黏膜层和肌层之间有一层胶冻样水肿，胃、肠黏膜呈弥漫性出血，肠系膜淋巴结水肿、充血、出血。心包腔、胸腔和腹腔有大量积液，肺、气管和肾淤血水肿。肾呈暗紫色。膀胱黏膜水肿。

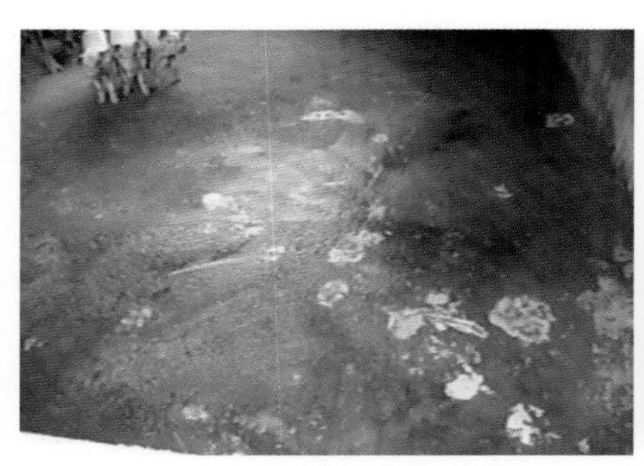

排灰白色、腥臭、浆糊状或水样稀便

以胃肠卡他性炎症为特征

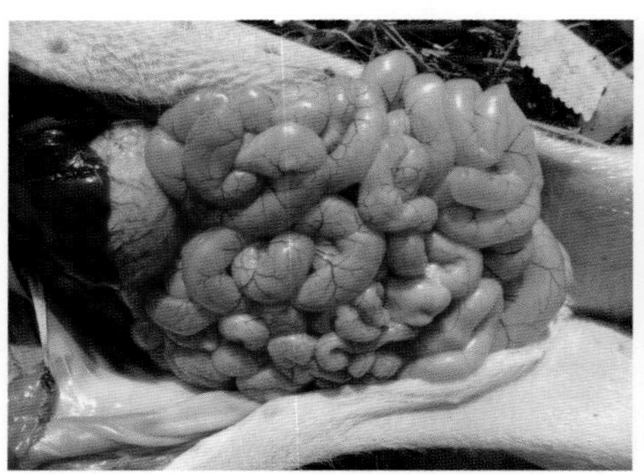

小肠扩张充气，肠壁菲薄，肠系膜淋巴结水肿

胃胀满，内含多量凝乳块，黏膜卡他性炎症，含黄白酸臭液体

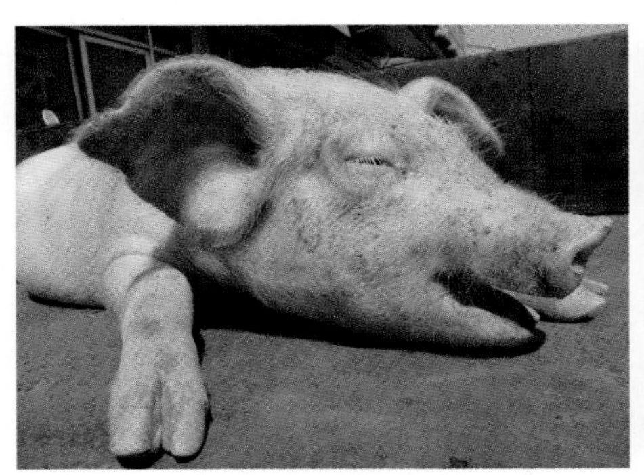

病仔猪共济失调，转圈、抽搐，四肢麻痹，呼吸急迫，闭目张口呼吸，最后死亡

病仔猪头颈部、眼睑、结膜等部位明显水肿，故得名“水肿病”

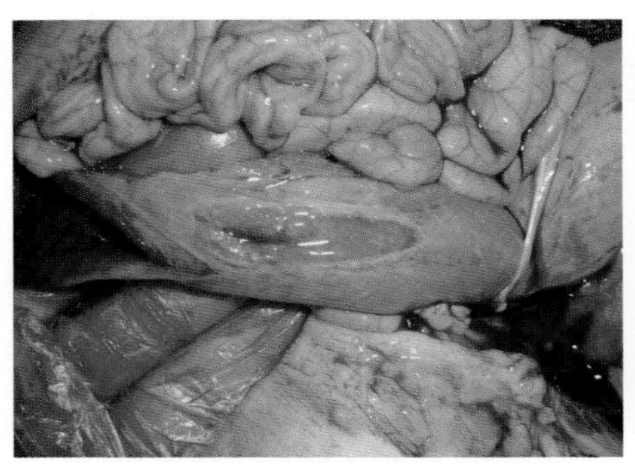

胃、肠黏膜层和肌层之间有一层胶冻样水肿

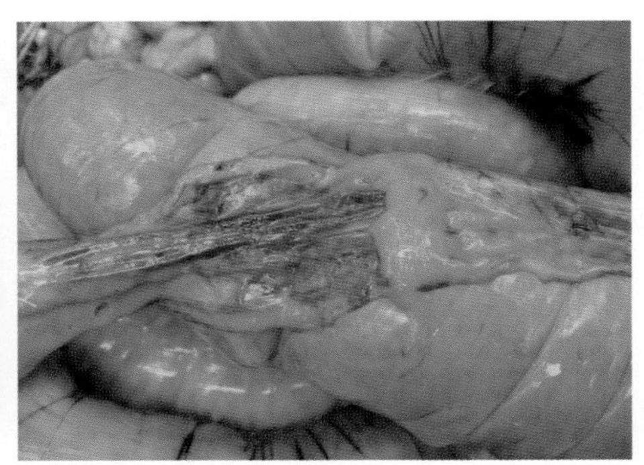

胃、肠黏膜呈弥漫性出血

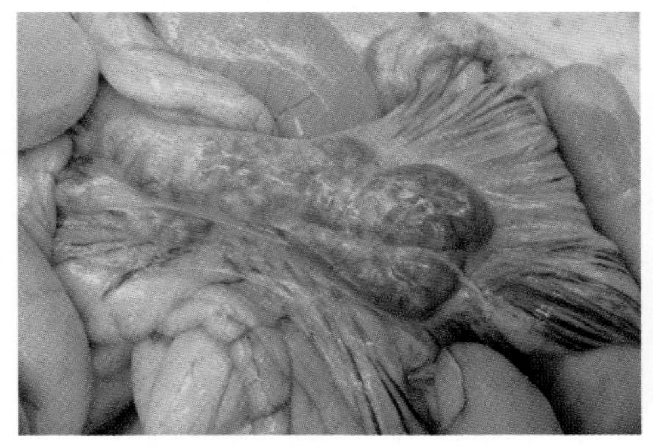

肠系膜淋巴结水肿、充血、出血

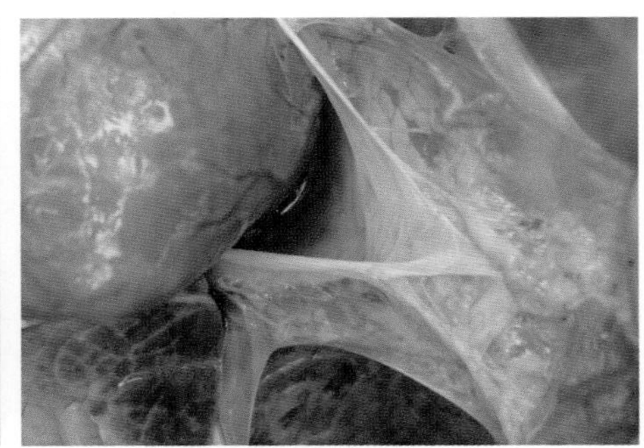

心包腔、胸腔和腹腔有大量积液

3. 疾病诊断

猪流行性腹泻、猪传染性胃肠炎、猪轮状病毒病以及猪大肠杆菌病的鉴别诊断如下：

（1）根据腹泻物的形状和颜色鉴别诊断。病毒性腹泻为喷射状，且脱

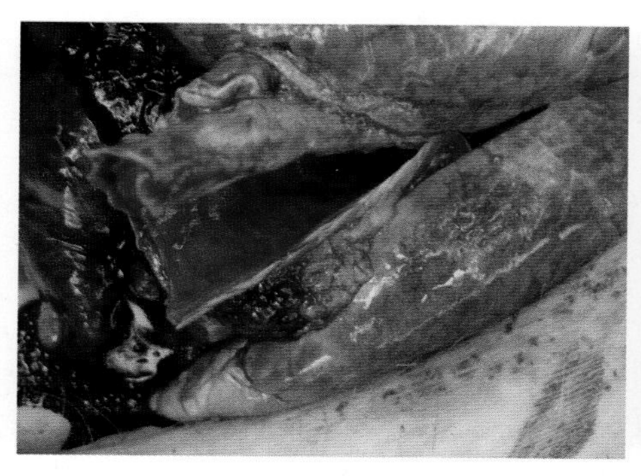

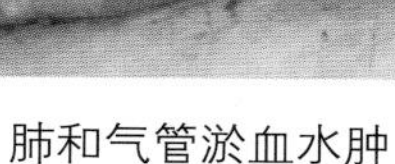
肺和气管淤血水肿

膀胱黏膜水肿

水迅速，一般为黄色、黄绿色水样液体。由大肠杆菌引起的仔猪黄痢，排出黄色浆状稀粪；仔猪白痢，排出乳白色或灰白色糊状、黏稠粪便。

（2）根据流行病学特点鉴别诊断。一般病毒性腹泻感染猪只无日龄之分，但有明显的季节性，一般为寒冷秋冬季节，哺乳仔猪发病率和死亡率很高，成年猪则较低。大肠杆菌感染引起的腹泻流行无明显的季节性，3 日龄以内仔猪易发生仔猪黄痢，10~20 日龄仔猪易发生仔猪白痢。

（3）根据仔猪发病时间和临床症状鉴别诊断。无菌采集发病仔猪的粪便，送至实验室，进行细菌分离鉴定、血清学鉴定、肠毒素检测等确诊。

4. 综合防控措施

用磺胺类抗生素、庆大霉素、环丙沙星等治疗效果较好，先做药敏试验。平时加强饲养管理，做好产房消毒工作，减少仔猪大肠杆菌的发病率。

五、猪增生性肠炎

胞内劳氏菌是引起增生性肠炎（PE，回肠炎）的病原菌。该菌是一种专性胞内寄生菌，对干燥环境抵抗力较弱，紫外线 30 min 就能灭活，在 5~15℃条件下可以在粪便中存活 2 周。部分菌株对一些消毒剂（甲醛、过氧乙酸、氢氧化钠等）有一定抵抗力，大部分菌株对季铵盐（3% 溴化十六烷基三甲铵）敏感。剖检增生性肠炎病猪，可见小肠和结肠黏膜增厚；病理组织学分析可见，被感染组织肠腺窝中未成熟上皮细胞的明显增生，并形成一种增生性腺瘤样黏膜。

1. 流行特点

本病一年四季均可发生，主要在3~6月散发或流行。应激因素能诱发本病。在两点或多点式饲养模式的主场，繁殖母猪群很少感染，通常12~20周龄后生长猪发生感染。在单点式饲养模式的猪场，由于猪的不断流动，繁殖母猪群会有感染；仔猪可能会在母源抗体消失时，通过接触粪便而感染；5~7周龄保育猪会发生早期感染。

带菌猪和病猪是本病的主要传染源，病原菌主要通过粪－口途径水平传播。工作人员的衣服、靴子和器械均可携带病菌，啮齿类动物也是本病的传播媒介之一。本病潜伏期为7~21 d，猪被感染后3周是排菌高峰期，排菌可持续到感染后8周。在此期间，带菌猪不表现临床症状，但会感染其他猪。

多数猪临床为慢性病例，表现为亚临床感染。虽然增生性肠炎的死亡率不高，但延迟育肥猪的上市时间，经济损失大。

2. 临床症状

病猪体温正常，临床表现为腹泻、生长速度慢、便血，饲料报酬率降低。

（1）急性型：多发于新引进的后备母猪（4~12月龄）、青年母猪（1~2胎），以及17周龄以上的育肥猪，尤其是经过长途运输或新进的后备母猪易发病。病猪突然剧烈腹泻，食欲减退，精神沉郁，扎堆卧底，排黑色柏油样的粪便或血便，污染后躯；皮肤苍白，走路摇晃，体温稍升高，突然死亡，死亡率可高达15%~50%。妊娠母猪出现临床症状的6 d内可能发生流产，急性感染病例母猪所产的仔猪不能获得有效保护。

（2）慢性型：常发生于6~20周龄猪，临床表现轻微，采食量下降，生

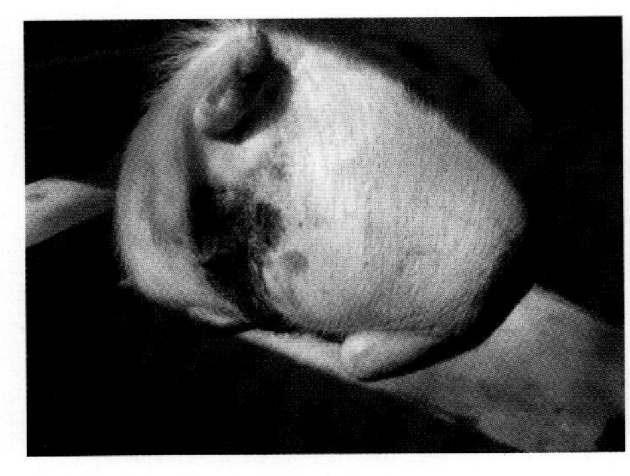

急性病例：血色下痢

排煤焦油样粪便

长缓慢，被毛粗乱，间歇性下痢。随病情的加重，粪便由黄色变为灰绿色，甚至红色，由糊状变成水样，混有未消化的饲料。猪群整齐度差，病程长的猪表现为消瘦、贫血、皮肤苍白。猪群的发病率可高达25%~70%，死亡率较低（1%~5%），多与并发或继发猪痢疾或沙门菌病感染有关。

（3）亚临床感染型：6~20周龄猪只多发，症状轻微或无显著腹泻，或轻微下痢。猪只生长速度减缓，出栏时间推迟10 d以上。

3. 剖检变化

根据肠道病变的严重程度，可以分为猪肠腺瘤病、坏死性肠炎、局限性回肠炎和猪增生性出血性肠炎4种类型，前两类为慢性型，后两类为急性型。

（1）肠腺瘤病：是慢性增生性肠炎感染的早期病变。病变位于回肠末端50厘米处和结肠前1/3处，肠黏膜增厚形成脑回样皱褶，表面湿润而无黏液，肠附着炎性渗出物。继发感染后形成坏死性肠炎，可见肠黏膜坏死，附着黄灰色奶酪状团块和炎性渗出物。

（2）坏死性肠炎。小肠肠壁增厚，肠管增粗，切开肠管可见黏膜增厚，像橡胶管，称为“软管肠”。

（3）出血性肠炎：病变主要见于回肠末端和结肠，肠黏膜出血，弥漫性、坏死性炎症；回肠和结肠腔内有凝血块，有的直肠中有黑色油状粪便。

4. 疾病诊断

根据流行情况、临床症状、特征性病变可作出初步诊断，确诊必须证实粪便或肠壁组织内含有胞内劳森氏菌。该菌的常规分离培养比较困难，取粪便样品，采用血清学方法、分子生物学检测等确诊。

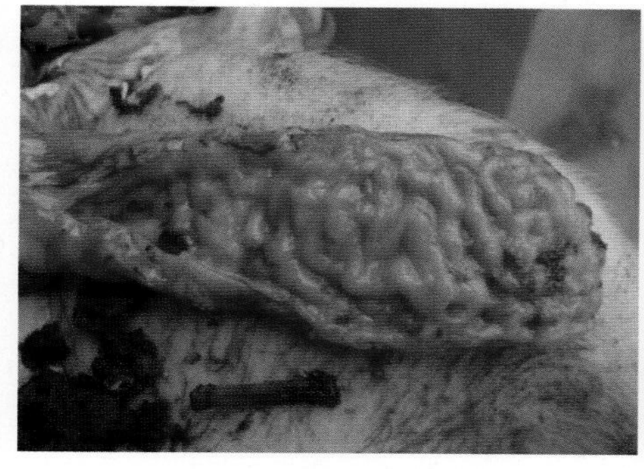

肠黏膜有特征性脑回状皱褶

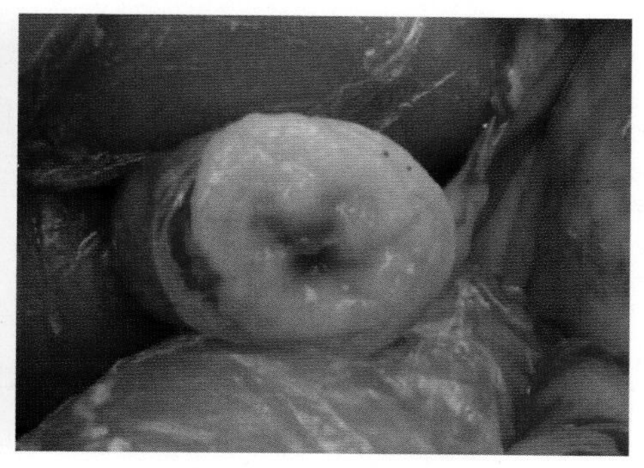

小肠后部直径增加，黏膜肥厚

5. 综合防控措施

对引进的种猪采集粪便，进行 PCR 检测，只有阴性的种猪方可进场。种猪在隔离舍中用治疗剂量水平的抗生素，以防止发生临床病例。治疗处方是泰妙菌素（120 ml/L）、泰乐菌素（100 ml/L）或林可霉素（110 ml/L），通过预混料进行口服给药，连续治疗 14 d。

胞内劳森氏菌属于胞内菌，除选取敏感药物外，还应在肠道上皮细胞内有较高药物浓度，如大环内酯类和泰妙菌素类药物。口服或注射给药，疗程 14 d 以上，最好达到 21 d。

六、猪梭菌性肠炎

梭菌是一类革兰阳性、严格厌氧，有芽孢的棒状杆菌。A 型产气荚膜梭菌、C 型产气荚膜梭菌、破伤风梭菌、诺维氏梭菌（水肿梭菌）、肉毒梭菌、困难肠梭菌等是猪的主要致病菌株，有时气肿疽梭菌（肖氏梭菌）和腐败梭菌也可以引起猪发病。

1. 流行特点

病猪和带菌的人、畜是本病的传染源，特别是肠道带菌的母猪，细菌随粪便排出体外，污染猪圈。仔猪出生后，很容易被污染的乳头感染，或食入病原菌的芽孢而感染发病。出生后 12 h 至 7 日龄的仔猪多发病，特别是 1~3 日龄的哺乳仔猪，1 周龄以上的仔猪较少发病。

近年来，断奶仔猪，甚至生长育肥猪和母猪也有零星发病，死亡率可高达 70% 以上。

2. 临床症状与剖检变化

一般 C 型产气荚膜梭菌感染的仔猪发病急，出生后 12~36 h 即出现症状，当天或第二天死亡。初生病仔猪突然排红褐色液体粪便，粪便中含有气泡，有特殊的腥臭味。部分病猪会伴有呕吐，或者发出尖叫。有少数病例未出现血痢，就突然衰竭死亡。

有些病猪持续性发生非出血性腹泻，5~7 日龄死亡。发病初期病猪排出黄色稀软粪便，然后变为清水样，内含灰色坏死组织碎片，类似“米粥”状粪便。一般病猪初期活力较好，但体质日渐消瘦，最终因大量脱水而死亡。

病程长的猪表现出间歇性或持续性腹泻，发病后持续数周死亡。病猪排出黏液状的黄色粪便，会阴和尾部结粪痂。病猪逐渐消瘦，比较健康活泼，但生长发育缓慢，最终死亡或因生长停滞而被淘汰。

剖检最急性病死猪，特征性病变是肠道出血，最明显的是空肠段，肠腔充气肠黏膜变薄，呈紫红色，或有大量出血点。肠道内容物混杂血液和肠道黏膜碎片，呈血色，局部黏膜发生坏死。盲肠黏膜有出血斑点，内存有气体或稀粪。肠道淋巴结、腹股沟淋巴结出血、水肿多汁。胃内含有大量气体和干酪样乳块，胃黏膜充血、脱落。肺部充血、出血，

保育猪：腹泻，很快进入衰竭状态

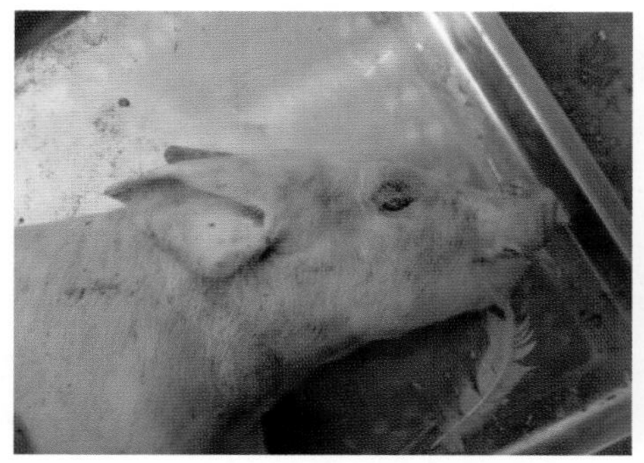

保育猪：一旦腹泻，很快眼窝塌陷（脱水极快）

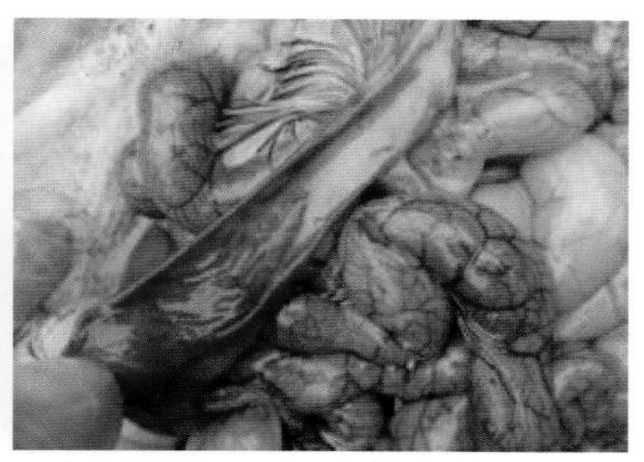

保育猪：肠内容物米脂粥状，呈暗红色

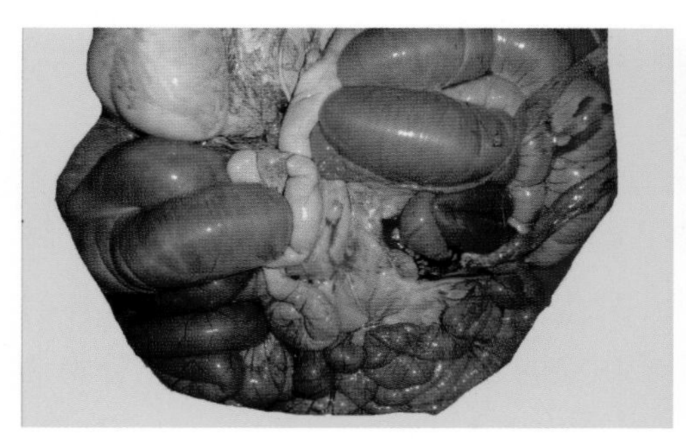

主要病变集中在小肠，有时可延至回肠前部。肠黏膜广泛出血，血管充盈呈红色树枝状，部分肠段臌气

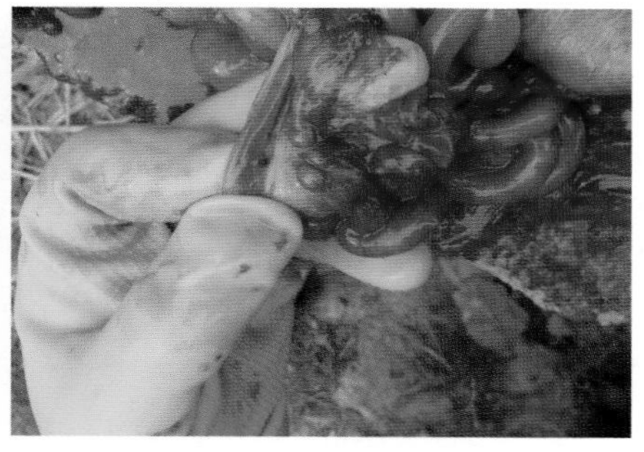

乳猪发病，肠系膜淋巴结出血

气管环明显充血。肾皮质部有出血点，膀胱黏膜也有出血点。

亚急性或慢性病例胸腔、腹腔积液，肠腔内有黄色稀粪，结肠严重水肿；有的病例小肠充气，内含黄色稀粪，小肠黏膜附着纤维素性坏死性假膜。

3. 疾病诊断

实验室确诊方法，有肠内容物和黏膜损伤处的涂片镜检、细菌分离培养、毒素中和试验和 PCR 核酸抗原检测等。C 型产气型夹膜梭菌肠炎，可根据流行特点、临床症状作出初步诊断，病理组织诊断主要是肠绒毛脱落，表面溃疡，出血性肝坏死。

通过 A 型产气型夹膜梭菌肠炎的组织病理切片，可以观察到小肠绒毛有轻微溃疡，在肠绒毛间有嗜中性粒细胞和大量棒状杆菌。困难肠梭菌肠炎的主要病理变化是引起化脓性盲肠炎和结肠炎，一般小肠病变不明显，结肠组织病理检查肠绒毛上皮细胞有嗜中性粒细胞渗出，形成火山状。

4. 综合防控措施

保持猪舍环境清洁，进行产房及临产母猪消毒。母猪分娩前，用 0.1% 高锰酸钾溶液对乳房进行清洗和消毒。

用商品化的梭菌多价灭活疫苗进行免疫。对发病猪，用恩拉霉素混饲治疗，每吨饲料添加 2.5~20 g（按原料计算）；对脱水严重的仔猪，口服补液盐水。

七、仔猪副伤寒

猪副伤寒主要由沙门菌感染引起，精饲断奶仔猪常发，成年猪和未断奶仔猪发生沙门菌病并不多见。

1. 流行特点

本病一年四季可发，潮湿多雨季节多发，一般呈散发或地方性流行。断奶仔猪 2~4 月龄猪多发；一般哺乳猪不发生沙门细菌病，可能与母源抗体的保护有关。猪只饲养密度过大，使用被污染的劣质鱼粉，运输应激，分娩，断奶，以及其他传染病等诱因，都能使仔猪感染该病。

带菌猪和发病猪是主要传染源，随粪便排出病原菌，污染饲料、饮水及环境，经消化道感染健康猪。鼠伤寒沙门菌可潜伏于消化道、淋巴组织和胆囊内，当猪受到外界不良因素刺激便可发病。健康猪也可以与感染猪进行交配感染，或用病公猪的精液经人工授精发生感染。

2. 临床症状与剖检变化

本病潜伏期为数日至数周。临床上可分为急性型（败血型）和慢性型（小肠结肠炎型），以慢性型较为常见。

（1）急性型：通常由猪霍乱沙门菌引起的，5 月龄断奶仔猪多发，偶见于出栏猪群、未断奶仔猪或育肥猪，临床症状为败血症或流产。幸存猪只发生肺炎、肝炎、肠炎，偶尔发生脑膜炎。病猪先食欲丧失、嗜睡，体温升高至 41~42℃，伴有浅湿性咳嗽和轻微呼吸困难、黄疸。猪只不爱活动，蜷缩于猪栏的拐角处，甚至死亡，四肢末端和腹部发绀。发病初期不出现腹泻，3~4 d 后才出现水样、黄色粪便。此病暴发与应激因素有关，死亡率很高，发病率在 10% 以下。

耳、脚、尾部和腹部皮肤发绀；胃底黏膜充血、梗死；脾肿大，轻微肝肿大；胃、肝及肠系膜淋巴结肿胀；肺变硬，有弹性，弥漫性充血，常伴有小叶间水肿出血；支气管肺炎并不多见。一旦出现黄疸，说明病情严重。细微病变是肝上出现粟粒状的白色坏死灶。发病几天后仍存活的猪可见浆液性至坏死性小肠结肠炎。

（2）慢性型：通常由鼠伤寒沙门菌或猪霍乱沙门菌引起，断奶后至 4 月龄猪只多发。病猪病程较长，消瘦，被毛粗乱无光，体温升高至 40.5~41.5℃，扎堆寒颤，精神沉郁。初期症状为排黄色水样粪便，不带血色和黏液。典型病例在几周内会反复腹泻 2~3 次，粪便恶臭，混有大量坏死组织碎片和纤维状物，灰白至黄绿色。病猪后躯粘有灰褐色粪便，逐渐消瘦，

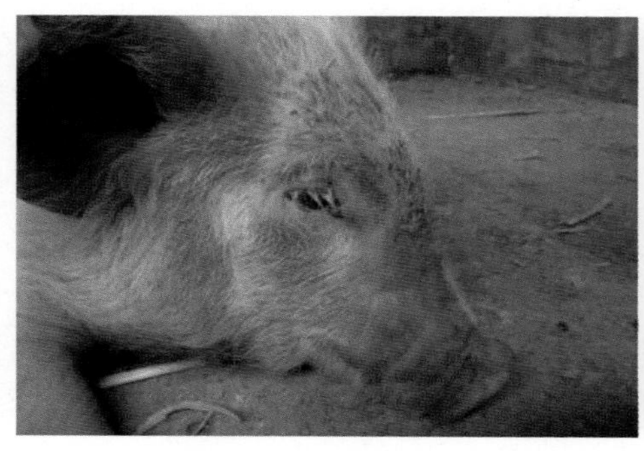
急性型：耳根、胸前和腹下皮肤有淤血紫斑

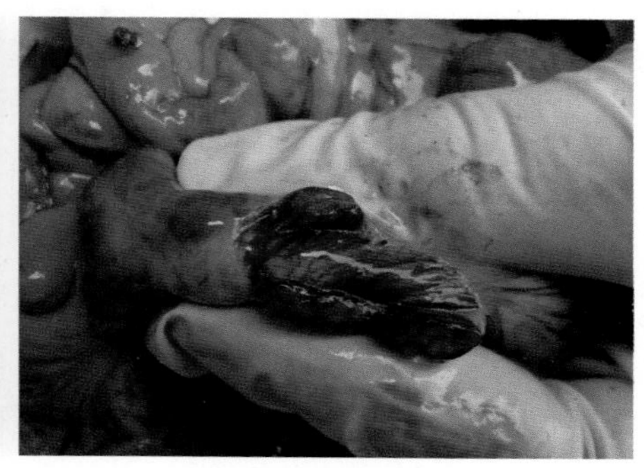
肠系膜淋巴结索状肿大

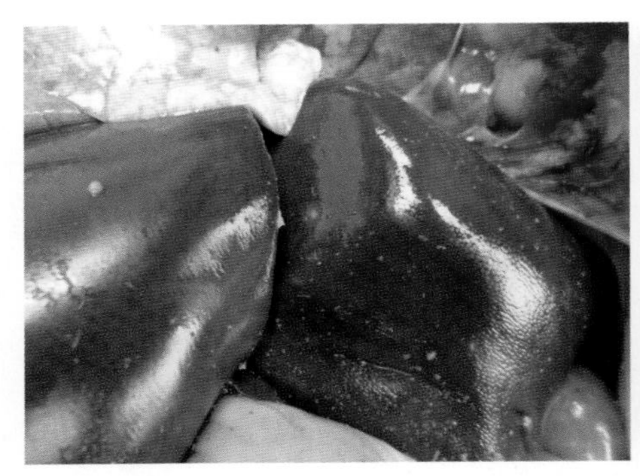

肝脏肿大、古铜色，有灰白色坏死灶

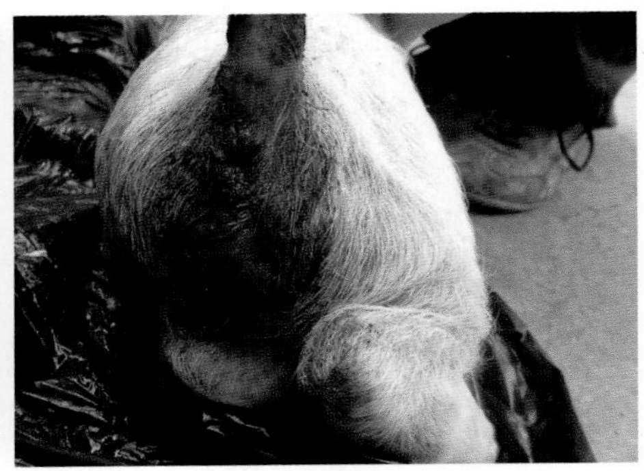

慢性病例：粪便灰白或灰绿色、恶臭，呈水样下痢

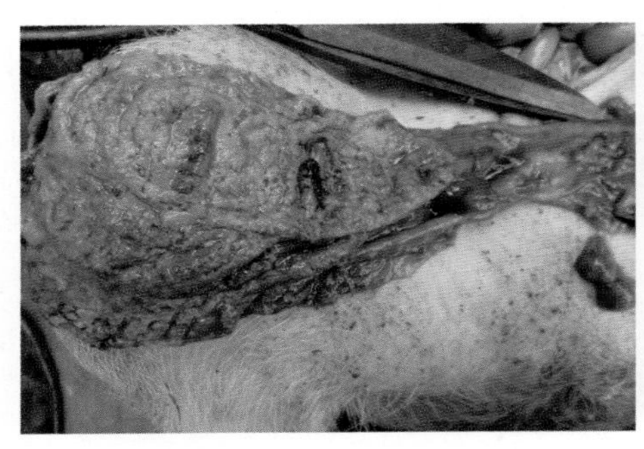

坏死肠壁肥厚、坚硬，呈橡胶状

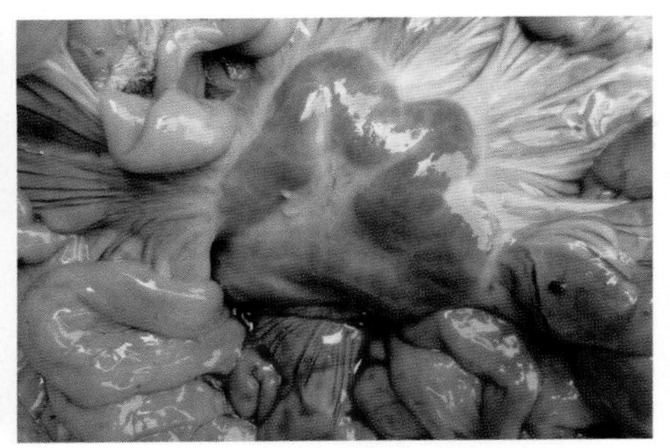

肠系膜淋巴结索状肿大

生长停滞，眼内有黏性或脓性分泌物。

慢性型病猪特征性病变为坏死性肠炎，在盲肠、结肠及回肠处坏死，形成较大的纽扣状溃疡，融合成弥漫性黏膜坏死，使肠壁肥厚，肠系膜淋巴结呈索状肿大。

3. 疾病诊断

根据临床症状和病理变化可以作出初步诊断，确诊进行病料涂片镜检、细菌分离鉴定、血清学方法、分子生物学检测等。

4. 综合防控措施

对病猪和同圈猪隔离消毒，立即紧急注射猪副伤寒疫苗。目前可选用副伤寒多价灭活疫苗、单价灭活疫苗或弱毒冻干苗免疫接种。

沙门菌常出现耐药性，做药敏试验，选择敏感药物治疗。病猪有脱水症状时，可在饮水中添加口服补液盐和葡萄糖。

八、猪痢疾

猪痢疾（SD）又称为血痢，主要感染生长育成期猪，以黏液性出血性结肠炎为主要特征，病原为猪痢疾短螺旋体。临床特征为消瘦，粪便中含有黏液、血液和坏死物，不经治疗的病猪可能死亡。

1. 流行特点

本病没有明显季节性，不同品种、年龄猪均可感染，2~3 个月龄仔猪最易感，断奶仔猪发病率可达 90% 左右。病猪和带菌猪是本病的主要传染源，康复猪带菌率很高，带菌可长达 70 d 以上。随着粪便排出大量病菌，污染饲料、饮水、猪圈、饲槽、用具和周围环境。本病主要通过消化道感染，其他途径尚未证实。仅感染猪，其他动物未见发生。小鼠、犬和野鼠均可成为感染媒介，本病潜伏期为 1~2 周，甚至 2~3 个月。猪群暴发本病初期，常呈急性且死亡率较高，后期呈亚急性和慢性，严重影响猪只的生长发育。

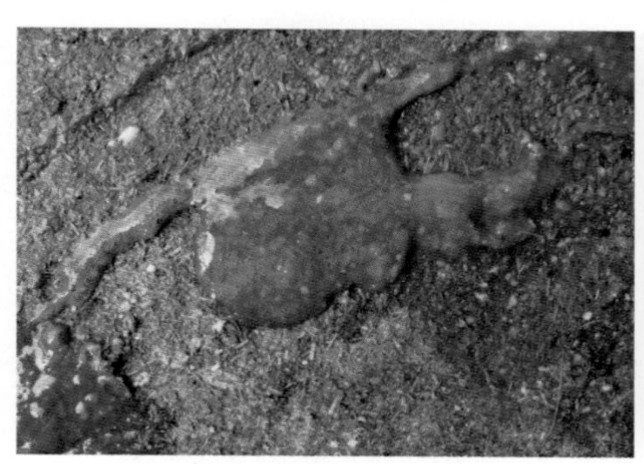

发病前期粪便带有黏液

随着病情的发展，粪便中开始出现血丝

粪便中含有血液和黏液

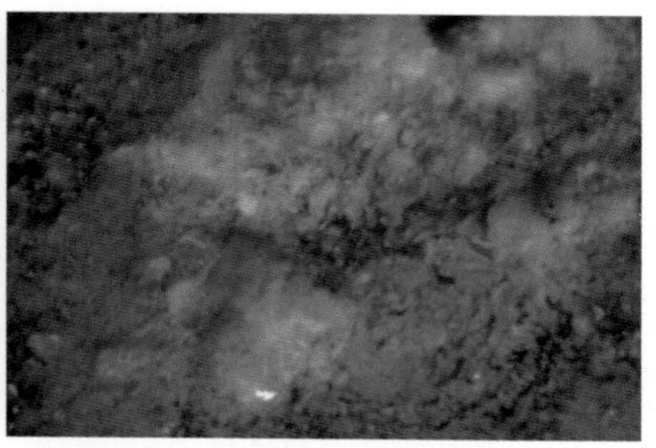

粪便呈油脂状、胶冻状，含有黄白色纤维素样黏液

2. 临床症状与剖检变化

最急性型病猪无腹泻，在几小时后死亡。病猪排黄色到灰色的稀软粪便。部分病猪出现厌食，直肠温度升高至 40~40.5℃。感染后几小时到几天，粪便含有大量黏液且有血块。随着腹泻变得严重，可见到含有血液、白色黏液、

粪便带有黏液和渗出物碎片

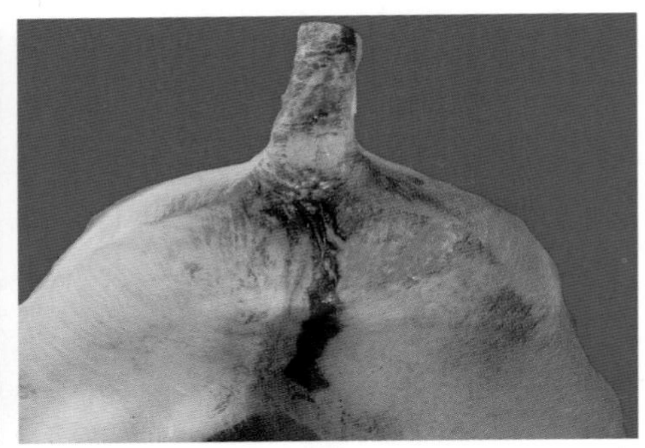

有的病例可见红褐色血便

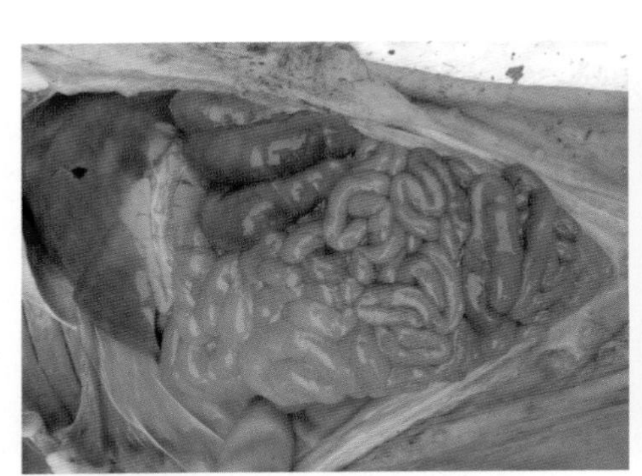

病变集中在大肠，呈褐红色，而小肠无病变

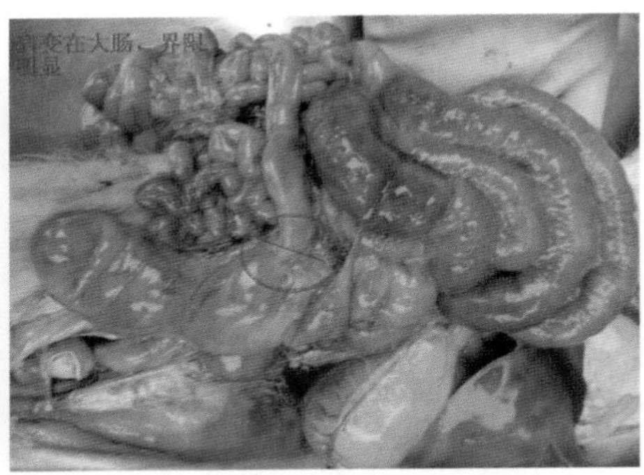

特征性病变在大肠（结肠、盲肠和直肠），常在回肠与盲肠结合部有一条明显的分界线

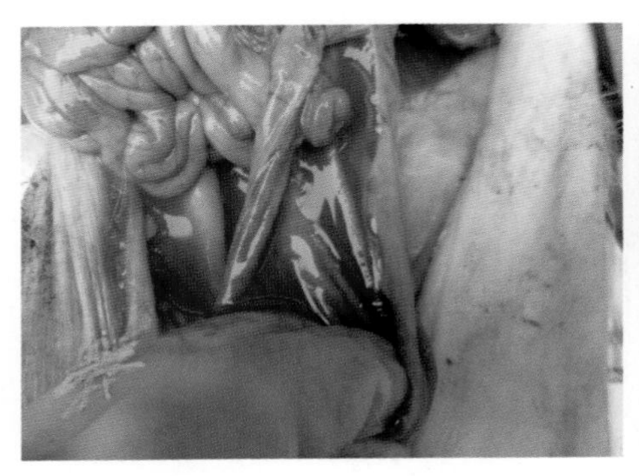

切开盲肠，内含多量红褐色液体

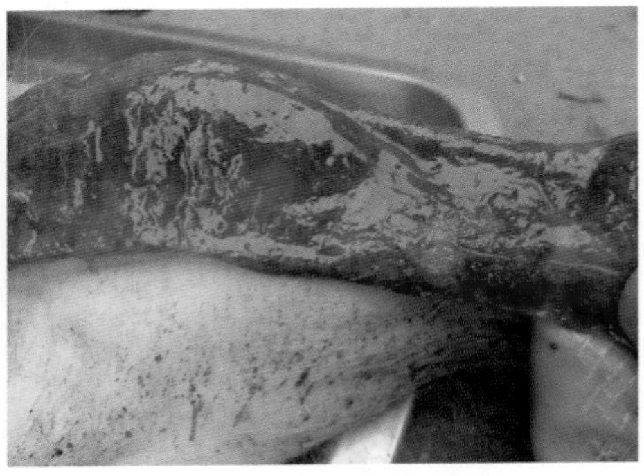

结肠黏膜明显肿胀，已无典型的皱褶

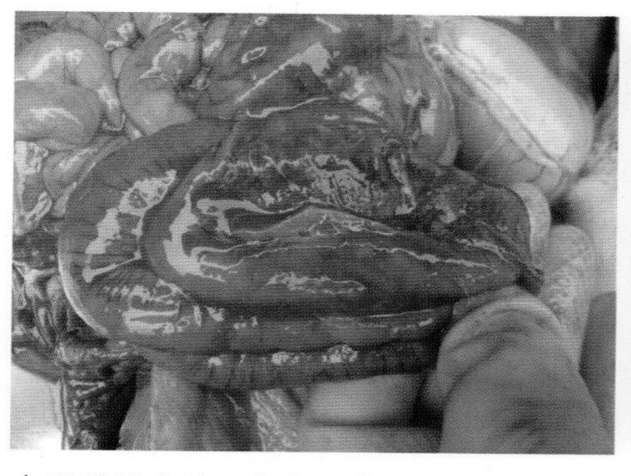

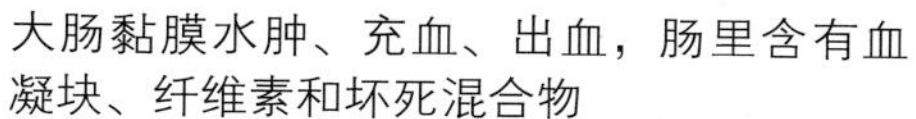

大肠黏膜水肿、充血、出血，肠里含有血凝块、纤维素和坏死混合物

显微镜下的蛇形密螺旋体

纤维素性渗出物的水样粪便，会阴部同时被粘染，有的病例可见红褐色血便。死于猪痢疾的猪通常消瘦，被毛粗乱并粘有粪便，有明显的脱水症状。本病的一致性特征是大肠病变，回盲结合处有一条明显的分界线。

猪痢疾急性期的典型变化是，大肠肠壁和肠系膜充血和水肿。病猪肠系膜淋巴结可能肿大，腹腔出现少量清亮积液。浆膜有白色、稍突起的病灶，亚急性和慢性感染时尤为明显。黏膜明显肿胀，典型的皱褶消失，附着黏液和带血斑的纤维蛋白。结肠内容物质软或呈水样，且含有渗出物。

3. 疾病诊断

猪痢疾病情时轻时重。从未诊断出猪痢疾的猪群易出现误判。发病史有助于诊断，因为一个猪群引入新猪（病原携带猪）后，常暴发该病。病猪萎靡不振，脱水，粪便带血和黏液，腹泻等，对诊断本病有提示意义。确诊需要进行细菌学检查、血清学诊断或细菌抗原的 PCR 检测。

许多肠道疾病都易与猪痢疾混淆，如胞内劳森氏菌引起的增生性肠病。与增生性肠病不同，猪痢疾并不侵害小肠。确诊增生性肠病，需要进行粪便 PCR 试验、猪群血清学或典型病理学（包括腺窝肠细胞内存在胞内劳森菌）等检测。

猪霍乱肠道沙门菌感染易与猪痢疾混淆，临床症状和病变十分相似。沙门菌病有实质性器官、淋巴结出血和坏死，小肠可见黏膜病变，而猪痢疾没有。深层溃疡性肠道病变也是沙门菌病的典型病变，确诊依据为大肠黏膜无痢疾短螺旋体存在，并可从肠道或其他器官（如淋巴结或脾）分离到沙门菌。由于正常猪和猪痢疾猪都带有沙门菌，因而仅仅分离到沙门菌，并不能确诊为沙门菌病。

4. 综合防控措施

目前治疗猪痢疾的有效药物仅有硫黏菌素、沃尼妙林、泰乐菌素和林可霉素，沃尼妙林效果较好。病重猪可通过非肠道途径给药（肌肉注射），连续治疗 3 d；给猪饮水给药 5~7 d，是治疗急性猪痢疾的首选方法；或将药物混饲，喂 7~10 d。

建立健全“全进全出”管理制度，对污染垫料无害化处理，对在感染区域使用过的器具清洗和消毒，更换防护服等，是成功防治猪痢疾的关键措施。猪痢疾暴发常与应激有关，避免拥挤、运输、恶劣天气和饲料改变等。

第九章
猪其他疾病

一、猪丹毒

猪丹毒（SE），也叫钻石皮肤病或红热病，病原是革兰阳性猪丹毒丝菌，是一种人兽共患病。该病临床症状包括急性败血症、亚急性皮肤疹块和慢性心内膜炎或关节炎等。

1. 流行特点

猪丹毒丝菌有 26 个血清型，我国流行菌株的血清型主要是 1a 型。

猪丹毒一年四季均可发生。猪丹毒的流行速度快，主要通过消化道感染，带病猪和带菌猪是主要传染源。一些被丹毒丝菌污染过的土壤、水源、饲料、用具，以及猪舍环境等，都可以成为传播媒介。蚊、蝇、虱等吸血昆虫，也可传播猪丹毒杆菌。不同年龄、品种的猪都可感染发病，以 3 月龄架子猪发病率、死亡率最高。

潜伏期长短与病菌毒力强弱、猪的免疫力有关，一般潜伏期为 3~5 d，最短的只有 24 h，最长的可达 7 d。

2. 临床症状及剖检变化

（1）急性败血症型：猪突然死亡，无明显症状。猪体温升高至42℃，喜卧，寒战，绝食，伴有腹泻、呕吐，甚至粪便干，继而在胸、腹、四肢内侧和耳部皮肤出现大小不等的红斑或黑紫色疹块，疹块部位稍凸起、发红，触诊指压褪色。剖检，主要为败血症病变，肾淤血肿大，俗称“大红肾”；脾肿大，呈典型的败血脾；胃、小肠黏膜肿胀，出血性卡他炎症；全身淋巴结充血出血、肿胀；心内膜有小出血点。

（2）亚急性疹块型：该型病情较轻，死亡率低，败血症轻微。主要病变为背部皮肤有界限明显的疹块，俗称“打火印”，由淡红色转为紫红色，一个至几十个。个别猪只表皮坏死、增厚、结痂，似“盔甲”状。剖检，疹块充血斑因水肿浸润而变苍白色，内脏病变较轻。

（3）慢性关节炎和心内膜炎型：四肢关节肿胀、僵硬，跗关节变形，跛行。病猪消瘦、贫血、厌动，追赶时常因心脏麻痹而突然死亡，肩部和背部皮肤坏死。剖检，病变主要为关节炎。腕关节和跗关节的关节腔肿大，有浆液性、纤维素性渗出物蓄积。心内膜炎型病猪，在心脏脉瓣处出现菜花样疣状赘

哺乳仔猪发病，体温升高至42℃，皮肤疹块

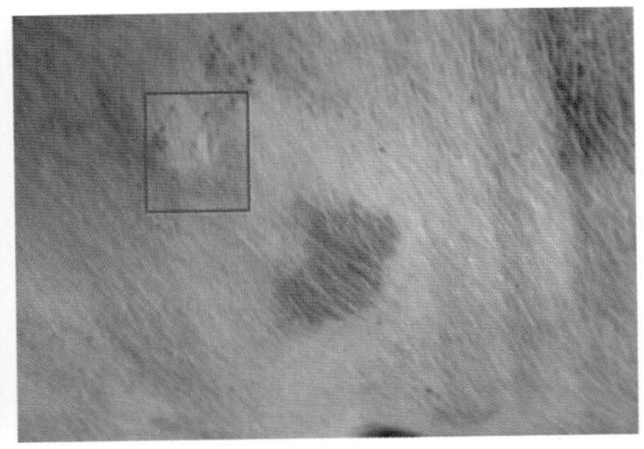
疹块指压褪色

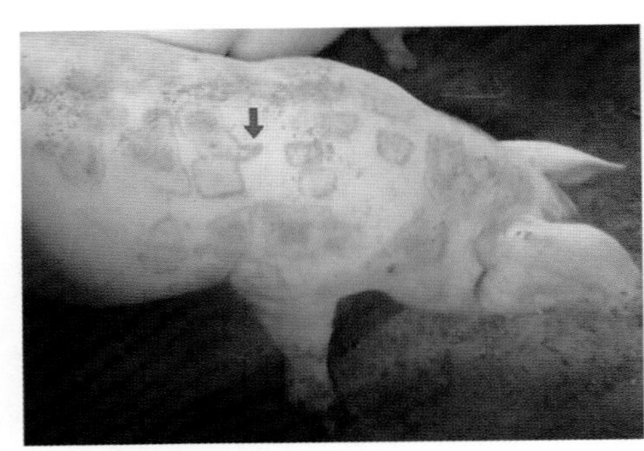
皮肤疹块，称“打火印”

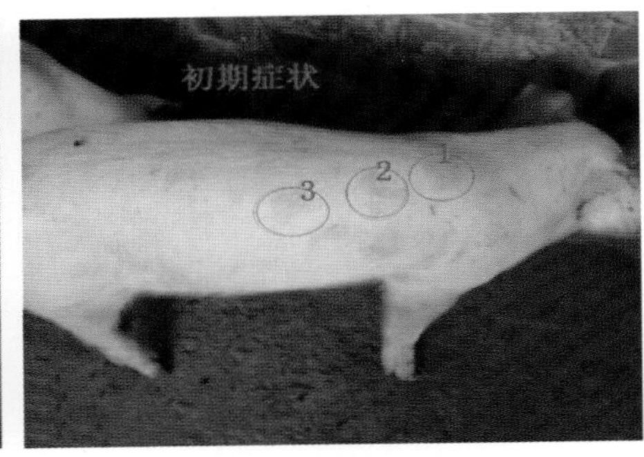

初期疹块淡红色

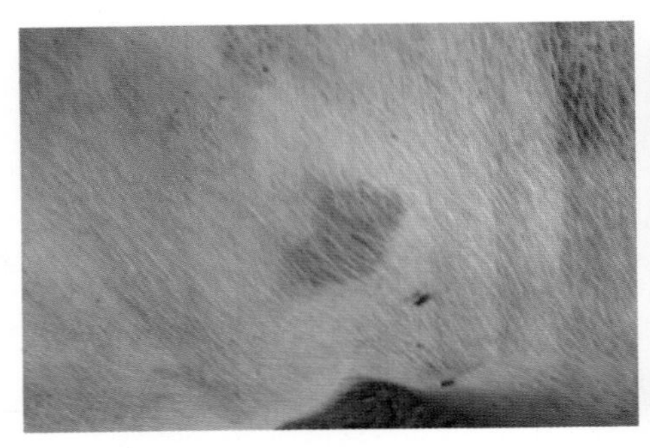
后期疹块紫红色

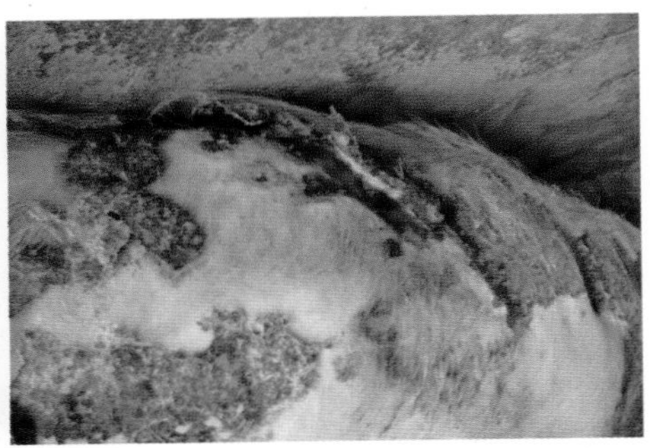
“盔甲”状表皮

生物，心包积液。

3. 疾病诊断

目前检测猪丹毒丝菌，主要有常规的细菌分离培养与鉴定技术，还有多聚酶链式反应（PCR）、环介导等温扩增技术（LAMP）、荧光定量PCR（qPCR）等现代分子生物学技术。

4. 综合防治措施

加强饲养管理，保证猪舍内的清洁、干燥。要保持自然通风，防止圈舍阴暗潮湿。注意冬季保暖和夏季降温，避免各种应激因素。猪场要定期灭蚊、蝇、虱、蜂等昆虫，切断猪丹毒丝菌的传播途径。

免疫接种是预防和控制猪丹毒的重要措施。当前我国有猪丹毒弱毒疫苗（GC42、G4T10）、灭活疫苗（C43-5），猪瘟、猪丹毒、猪肺疫三联活疫苗等。仔猪在60~75日龄时接种灭活苗，免疫保护期为半年，春、秋季各免疫一次。选用弱毒疫苗，免疫保护期可达9个月；若用猪瘟、丹毒、肺疫三联弱毒疫苗，保护期可达9个月。

治疗猪丹毒首选药物为青霉素类或头孢类。对败血症型病猪，用水剂青霉素静脉注射，同时肌肉注射常规剂量的青霉素，每天2次，效果较好。有条件的猪场可以分离菌株，做药敏试验筛选高敏药物，治疗效果更好。

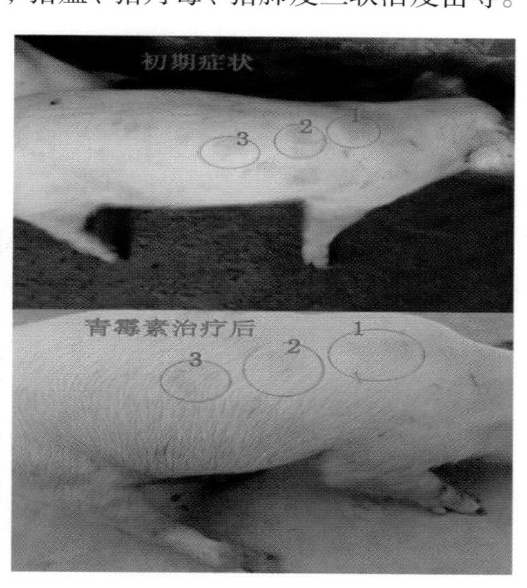

病初背部皮肤疹块（上），青霉素治疗后28 h疹块基本消失（下）

二、猪附红细胞体

猪附红细胞体病是由附红细胞体引起的，以溶血性贫血、黄疸、发热为主要特征的人兽共患病，可致猪死亡。该病在猪群中普遍存在，临床表现发热，皮肤发绀和有出血点，黄疸和淤斑等症状。附红细胞体也能导致母猪繁殖障碍，导致不发情或屡配不孕、早产或流产。

1. 流行特点

该病呈世界性流行，隐性感染率高。巴西、德国猪附红细胞体的感染率分别为 18.2%、13.9%。附红细胞体具有相对的宿主特异性，猪附红细胞体只感染猪。不同品种、年龄猪均易感染。病猪和隐性感染猪是主要传染源，病愈猪长期带毒，也成为传染源。

猪附红细胞体可通过接触、血液、交配或蚊虫叮咬等途径传播。污染的用具、注射器械等可造成机械传播；交配或人工授精时，可通过污染的精液传播。本病可垂直传播。本病多发于夏秋季节。

2. 临床症状及剖检变化

病仔猪体质变差，急性溶血性贫血，肠道和呼吸道感染增加；育肥猪日增重下降；母猪生产性能下降等。

病猪体温升高，精神萎靡，食欲废绝，四肢抽搐，便秘或腹泻。耳、颈下、胸前、腹下、四肢内侧皮肤紫红色，毛孔有渗血点；耳廓、四肢末端坏死；眼结膜炎，有血样脓性眼屎，眼圈青紫，睫毛根部呈棕色。

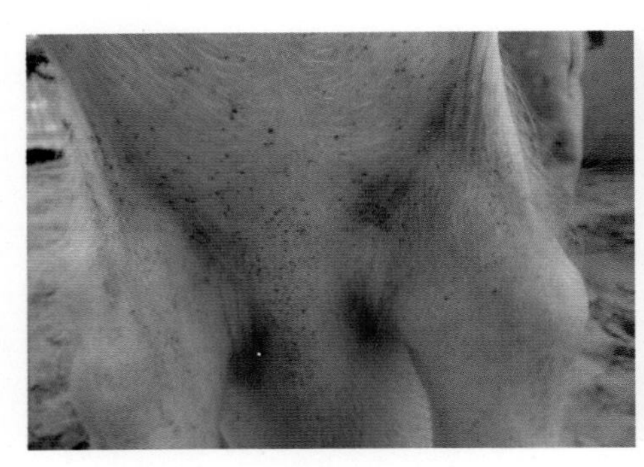

毛孔渗血点

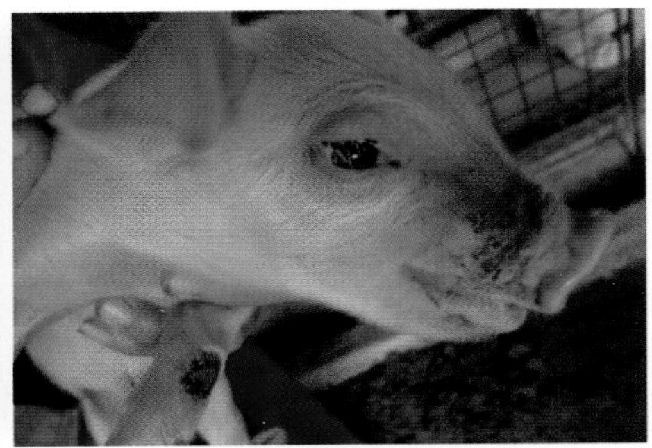

睫毛根部呈棕色

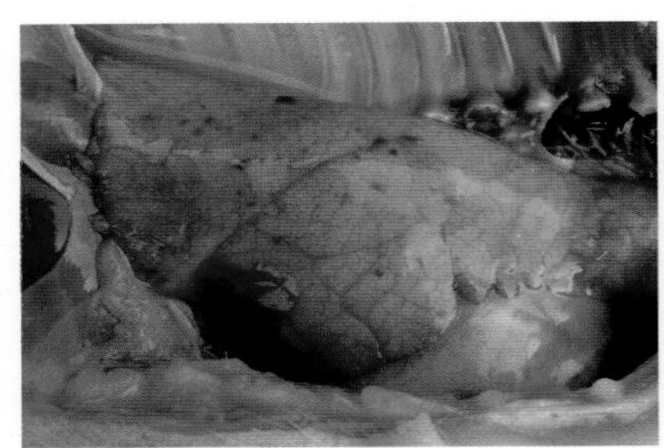

肺脏黄染、出血

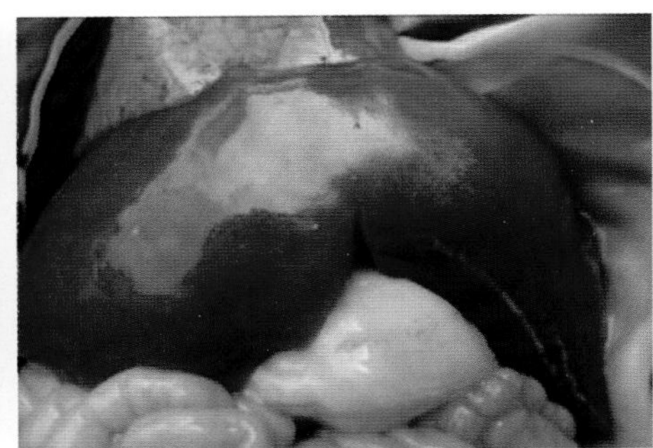

肝脏肿大、黄染

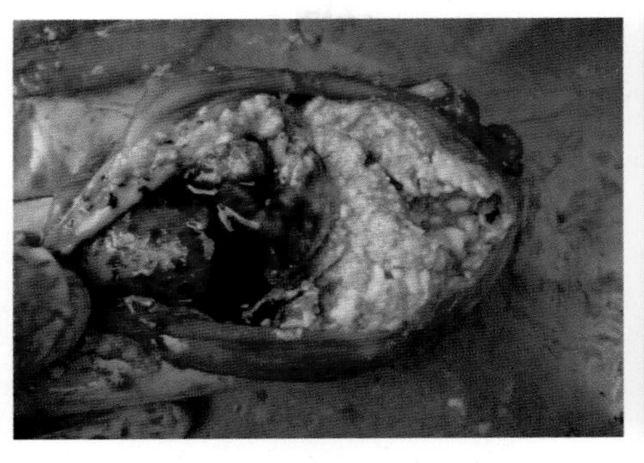

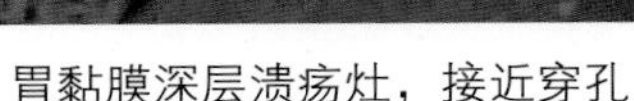
胃黏膜深层溃疡灶，接近穿孔

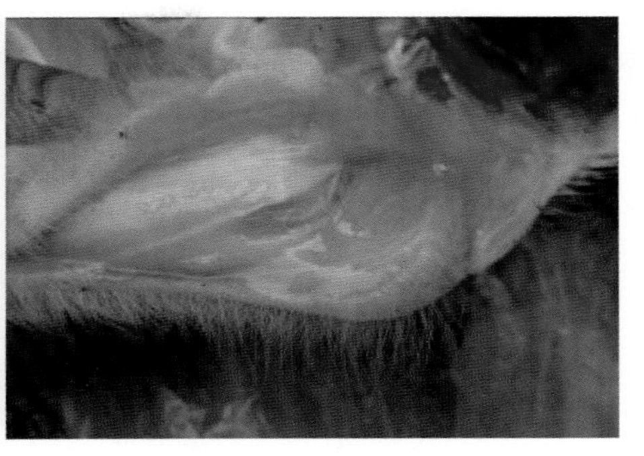
四肢皮下水肿

剖检，可见胸腔积液，肺黄染出血，肝脏肿大、黄染；胃黏膜深层溃疡灶，接近穿孔；四肢皮下水肿，血液稀薄，不易凝固。

3. 疾病诊断

猪附红细胞体无法在体外培养，该病的诊断方法受到了限制。镜检样本，可以发现红细胞已不是球形，边缘不整齐，呈齿轮状。多聚酶链式反应（PCR）敏感度高，特别适用于附红细胞体病的早期诊断。血清学检测也是常用的诊断方法，其中酶联免疫吸附试验（ELISA）可以检测病猪血液中的附红细胞体抗体滴度，判断是否感染和感染强度，灵敏度高，特异性良好。由于该病多数情况下为隐性感染，发病率较低，注意与猪瘟、蓝耳病、伪狂犬病等的鉴别诊断。

4. 综合防控措施

做好卫生和消毒工作，及时清理猪粪等污物，保持猪舍内良好的温度、湿度和通风条件，减少应激因素的影响。夏秋季节消灭蚊虫。

迄今猪附红细胞体无法在体外培养，所以尚未有疫苗研发成功。猪附红细胞体又称为嗜血支原体，因为支原体无细胞壁，故青霉素或头孢菌素类抗生素对该病无效。一般治疗本病选择红霉素、罗红霉素或阿奇霉素等大环内酯类抗生素。

三、猪钩端螺旋体

猪钩端螺旋体病，又称“粗脖子”“大头瘟”，是一种复杂的人兽共患病和自然疫源性传染病。该病呈世界性流行，不同年龄猪均可感染，以仔猪为多。主要表现为发热、黄疸、血红蛋白尿、出血性素质、流产、皮肤和黏膜坏死、水肿等。我国已发现18个血清群和70多个血清型，对猪致病的主要血清群有犬钩端螺旋体、黄疸出血钩端螺旋体、波摩那钩端螺旋体等。

1. 流行特点

该病呈散发性或地方流行性。不同品种、性别、年龄猪均易感，哺乳母猪不孕、流产、分娩率降低，以及产出死胎、弱仔；育肥猪增重缓慢，饲料报酬下降；仔猪生长停滞，往往变成僵猪，且病死率非常高。该病的主要传染源是病猪和带菌猪，主要经由损伤皮肤和黏膜感染，也可经消化道感染。在菌血症期间，钩端螺旋体还可经吸血昆虫传播。该病一年四季均可发生，夏秋季是流行高峰期。病原体在潮湿、常温环境中能够生存较长时间。

2. 临床症状与剖检变化

该病潜伏期为2~20 d，可分为急性黄疸型、亚急性和慢性型、母猪流产型。

（1）急性黄疸型：成年猪易发，病死率高。病猪体温升高至39~40℃，精神萎靡，食欲减退。皮肤干燥苍白，1~2 d全身皮肤和黏膜黄染，便秘和腹泻交替出现，茶色尿或血尿。病程1~2 d，病死率高。

（2）亚急性和慢性型：仔猪断奶前后易发，往往呈地方性流行。病初猪体温升高，食欲减退，全身有出血斑，眼结膜潮红。病死猪可见眼睑、面部和颈部浮肿，指压凹陷，全身淋巴结充血、肿大或出血。尿液变黄，排茶尿、血红蛋白尿，甚至血尿。病程十几天至一个月，病死率50%~90%。康复猪生长迟缓，成为“僵猪”。

（3）母猪流产型：妊娠母猪流产，产木乃伊胎或死胎等。流产母猪有时会急性死亡。发病后期，病猪间歇性抽搐震颤，走动或者站立不稳，摇摆不定等，最后衰竭而死，病死率30%~40%。

剖检，急性病例败血症变化，伴有黄疸，肝脏、肾脏和结肠系膜病变。皮下组织、浆膜、黏膜黄染。头、颈水肿，切面有透明胶冻样渗出物。颌下淋巴结、腹股沟淋巴结肿大，呈灰白色髓样。胸腔和心包有黄色积液，心冠脂肪透明胶冻样水肿。肝脏肿大、棕黄色，胆囊肿大、淤血。肾脏肿大、淤血，髓质部有灰白色病灶，肾切面乳头黄染。结肠系膜透明胶冻样水肿。亚急性和慢性病例，有典型肾脏病变。

3. 疾病诊断

采集发热猪的血液，无热阶段的脑脊髓液或尿液，死猪的肝脏和肾脏组织，镜检发现纤细螺旋状、两端呈钩状弯曲的病原体，即可确诊。

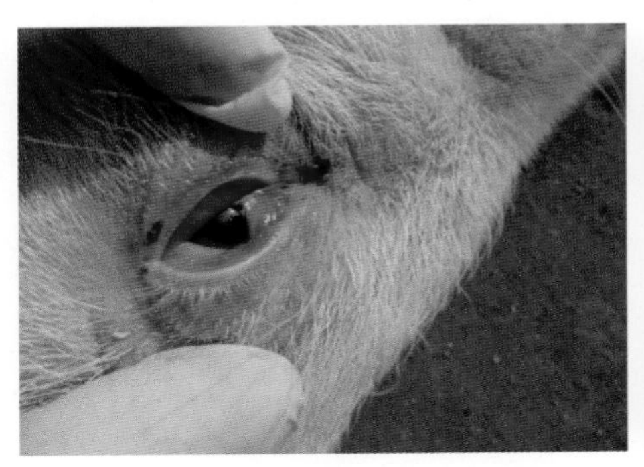

病猪体温升高，眼结膜、皮肤前期潮红，后期黄染

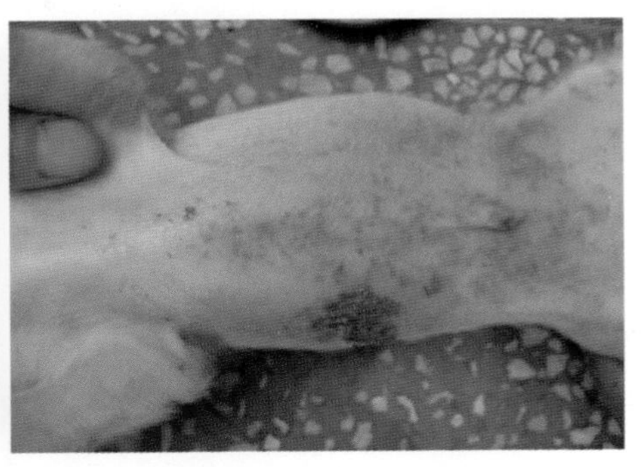

哺乳期仔猪急性病例，全身有出血斑点

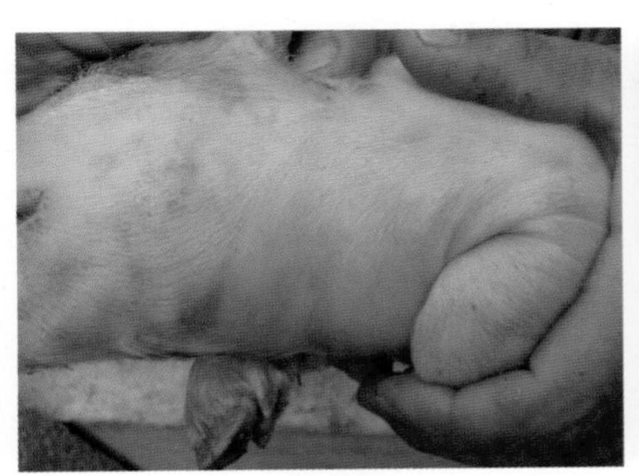

头颈部水肿

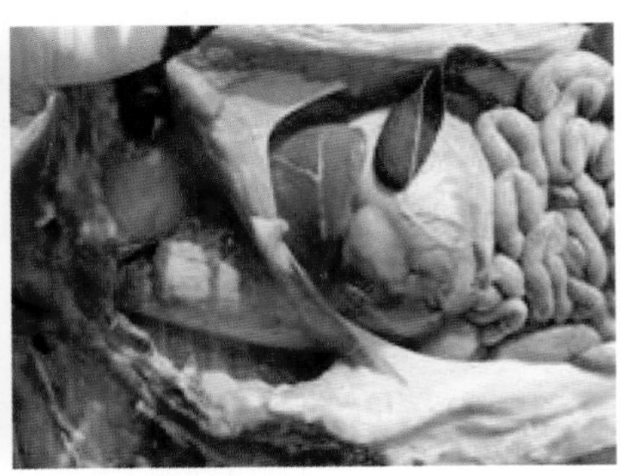

皮下组织、浆膜、黏膜黄染，胸腔和心包积液

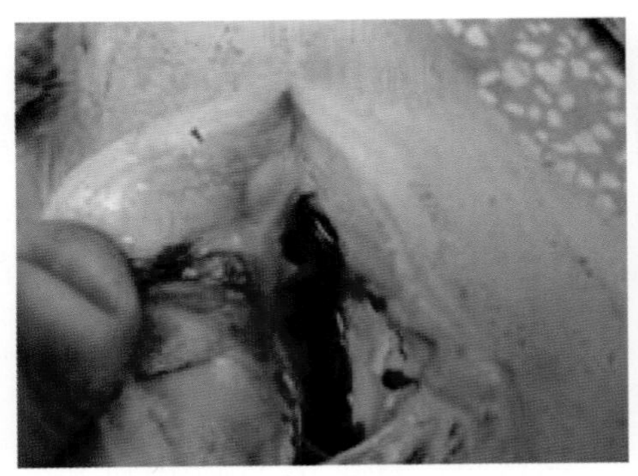

急性病例哺乳仔猪头颈水肿，切面呈透明胶冻样

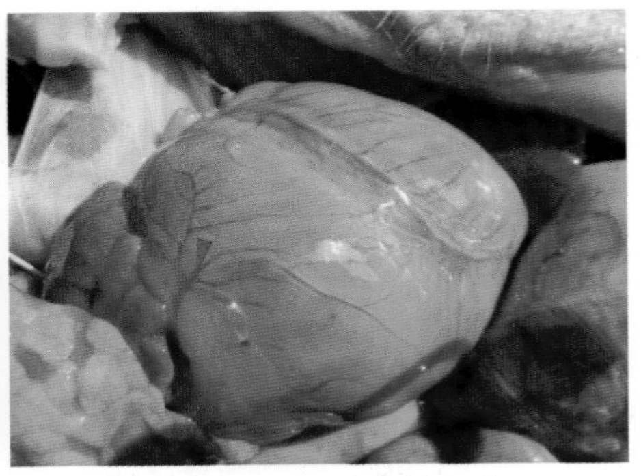

心冠脂肪透明胶冻样水肿

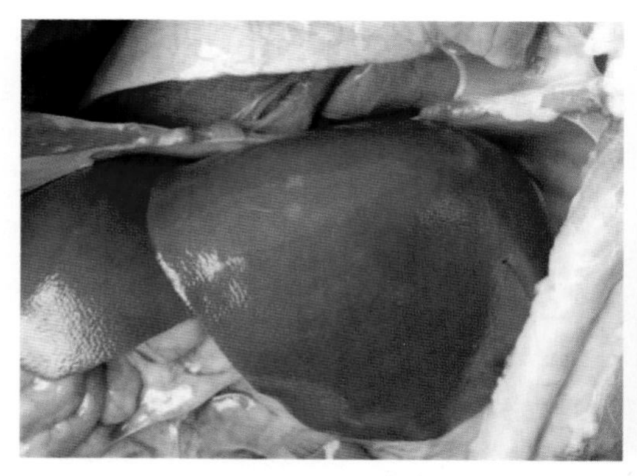

肝肿大，棕黄色

肾切面乳头黄染

结肠系膜透明胶冻样水肿

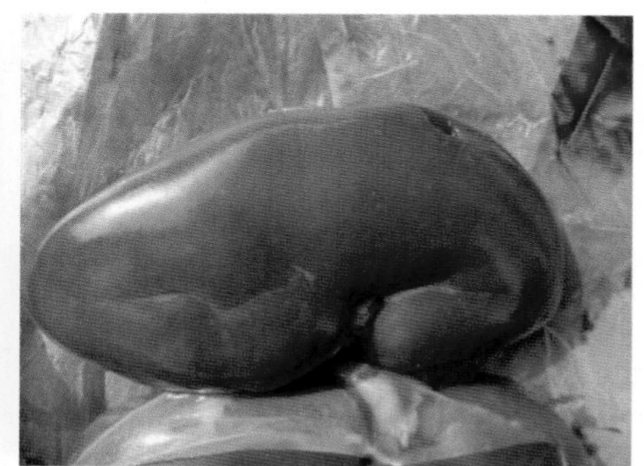

慢性型，肾有灰色病灶

4. 综合防控措施

猪场坚持自繁自养，购入新猪时做好检疫检测。加强猪舍的卫生管理，定期消毒和杀虫。发现病猪立即隔离，用 2% 氢氧化钠溶液对整个猪场全面清洗、消毒。

在疫病高发地区，猪群可考虑接种猪钩端螺旋体多价菌苗。采用皮下注射或者肌肉注射，接种 2 次，间隔 1 周，免疫期在 1 年左右。一般用量为 2~3 mL/10 kg。

钩端螺旋体对多种抗菌药物敏感，如青霉素、半合成青霉素、链霉素、四环素、土霉素、庆大霉素、泰妙菌素等。盐酸土霉素，0.75~1.5 g/kg 饲料，拌料，连用 7 d；青霉素、链霉素肌肉注射，100 万 ~160 万 IU/ 头，2 次 /d，连用 3~5 d；10% 氟甲砜霉素，0.2 mL/kg，1 次 /d，连用 5 d；安钠咖注射液 5~10 mL，肌肉注射。

中药治疗：取 15 g 黄芩、15 g 连翘、12 g 藿香、20 g 茵陈、12 g 木通、15 g 石菖蒲、12 g 川贝母、4 g 薄荷、8 g 射干、10 g 豆蔻、10 g 滑石，加水煎煮，适温灌服，每天一剂，2 次 /d，连续使用 3~5 d。

四、猪弓形体病

猪弓形虫病是由粪地弓形虫（球虫目、弓形虫科、弓形虫属）引起的一种人兽共患病。虫体整个生活史分为 5 个阶段，分别是滋养期、包囊期、裂殖期、配子体和卵囊期。其中前两期是无性生殖期，主要在中间宿主和终末宿主体内出现，后三期是有性生殖期，只在终末宿主体内出现。

1. 流行特点

猪弓形虫主要发生于夏秋季节，主要通过病猪的呼吸道、消化道、损伤的皮肤黏膜及胎盘感染。不同年龄猪均可感染，仔猪死亡率较高；妊娠病母猪早产、流产，产弱胎或畸形胎；一般成年猪呈隐性感染，新疫区也可能引起大批死亡。

2. 临床症状与剖检变化

猪感染弓形虫病后，一般潜伏期 3~7 d。病猪体温升高，高热稽留，食欲减退乃至废绝，喜卧，眼结膜潮红，有黏性或脓性分泌物。病程后期，病猪皮肤全身充血，呼吸困难，咳嗽，严重时呈腹式呼吸（犬坐姿势）。鼻镜有鼻痿，由浆液性清水样鼻涕变为黏稠鼻涕。排便干稀交替出现，呈灰绿色。病猪全身苍白，耳尖发绀、坏死。体表淋巴结，尤其是腹股沟淋巴结肿大非常明显。后肢麻痹、共济失调，喜卧。被驱赶时可能看不出后肢无力，但大多数猪站立几秒臀部就突然倾斜，不过很难摔倒。乳猪感染可伴发神经症状，极度兴奋或有转圈运动，最后昏迷死亡。妊娠母猪感染后早产、流产，产弱胎或畸形胎。

剖检，病死猪胸腔积液，肺脏水肿，有出血斑点和白色坏死灶，小叶间质增宽，充满半透明胶冻样渗出物；肝脏肿大、变性，黄红相间，部分病例有散在的灰白色、灰黄色病灶；脾脏肿大，边缘见坏死灶；肾脏变性，被膜上可见散在的出血点或灰白色坏死灶；多数病例淋巴结肿大并有坏死灶，腹股沟肠系膜淋巴结灰白色肿大，呈绳索状，淡红色，切面出血、坏死；肠道有明显的灰白色或灰黄色坏死灶肉芽肿；盲肠、结肠有散在的、小米大的中心凹陷溃疡，附着灰黄色假膜。慢性感染猪中枢神经系统有包囊。

3. 疾病诊断

结合猪弓形虫病的流行病学特点、临床症状和剖检病变可作出初步诊断，确诊须检测病原体或者特异性抗体。取病死猪的血液、脑脊液、淋巴结、肝、粪便等材料，做成压片或涂片，吉姆萨染色镜检，观察到虫卵即可确诊。免疫学诊断采用美蓝染色法、生物素－亲和素酶联免疫吸附试验、免疫细胞黏着试验和荧光抗体技术等。

4. 综合防控措施

禁止猫进入猪舍，防止猫粪便污染猪饲料和饮水，禁止使用屠宰场的废弃物、厨房垃圾、生肉汤水等饲喂猪群。保持猪舍的环境卫生，定期做好消毒工作，阻断猪弓形虫病的机械性传播。夏季在猪群的饲料中添加 500 g 磺胺嘧啶和 25 g 乙胺嘧啶，连续饲喂 7 d，可有效预防该病。

及时隔离病猪，对病死猪采取深埋等无害化处理。每天对猪舍内外消毒，

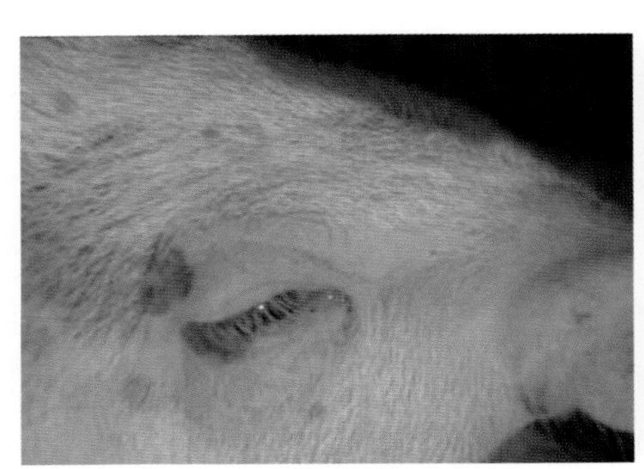

病猪眼睛流泪，眼睑轻肿，结膜潮红

病猪全身充血

病猪呼吸困难，咳嗽，严重的呈犬坐姿势

鼻镜有鼻瘘，前期浆液性，进而呈黏液性

采用 1% 来苏儿、3% 烧碱。

复方磺胺嘧啶钠注射液 0.3 mL（每 10 mL 含磺胺嘧啶钠 1 g、甲氧苄啶 0.2 g），肌肉注射，每天注射 3 次，连续注射 3 d。配以等量的碳酸氢

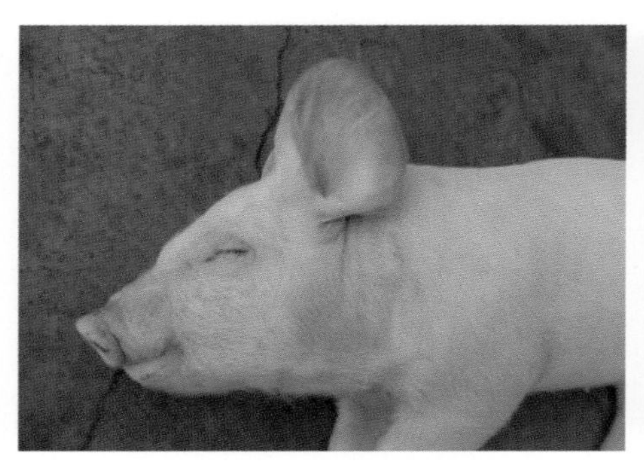

病猪全身苍白，耳尖发绀

病猪后肢无力，行走摇晃，喜卧

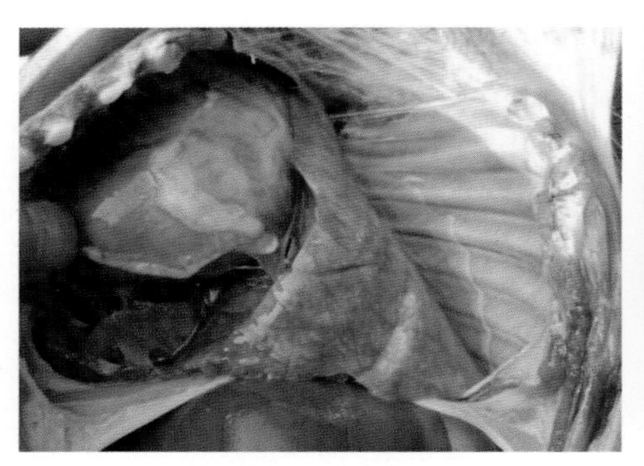

胸腹腔积液，肺水肿，有出血斑点和白色坏死灶。小叶间质增宽，充满半透明胶冻样渗出物

肝略肿胀，呈灰红色，有散在坏死斑点

脾略肿胀，有凸起的黄白色坏死小灶

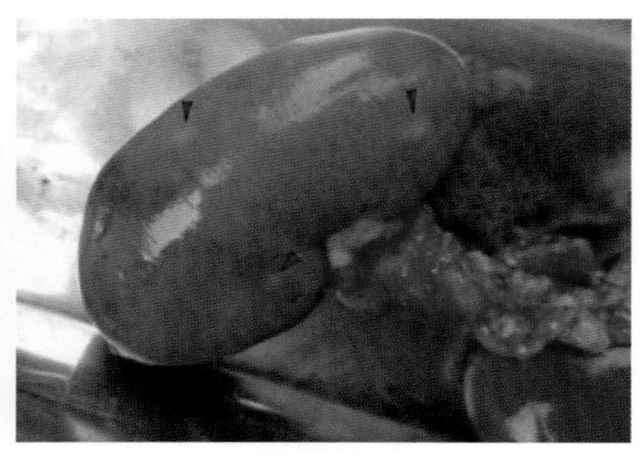

肾皮质有出血点和灰白色坏死灶

钠注射液，肌肉注射。磺胺六甲 + 二甲氧苄氨嘧啶（三甲氧苄氨嘧啶），30~70 mg/kg，24 h 一次，肌肉注射，3~5 d，重症猪慎选。对症治疗，如退热、输液，配以使用抗生素类药物，以防止继发感染。

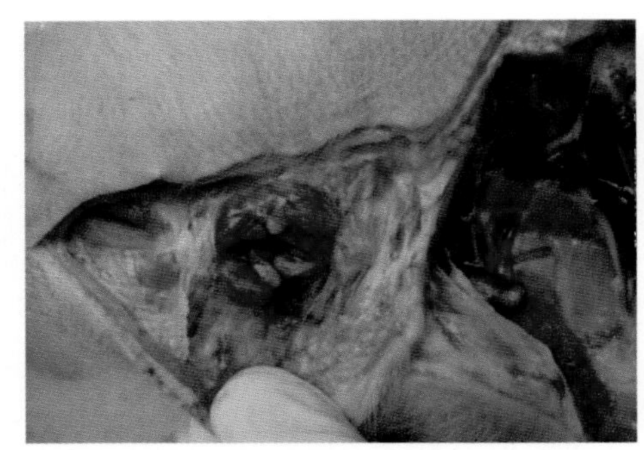

下颌淋巴结肿大并有坏死灶

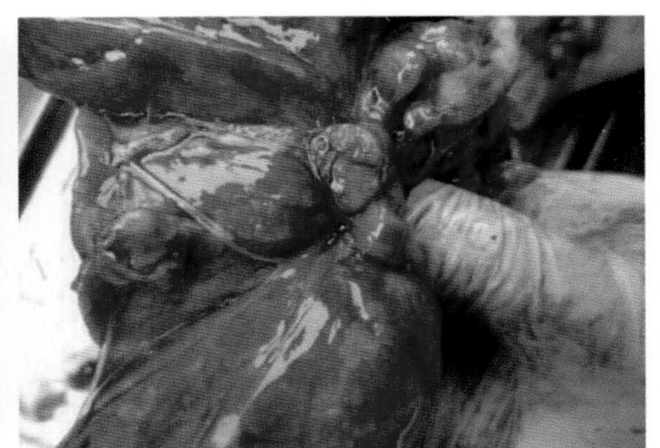

肺门淋巴结肿大并有坏死灶

肠系膜淋巴结肿胀

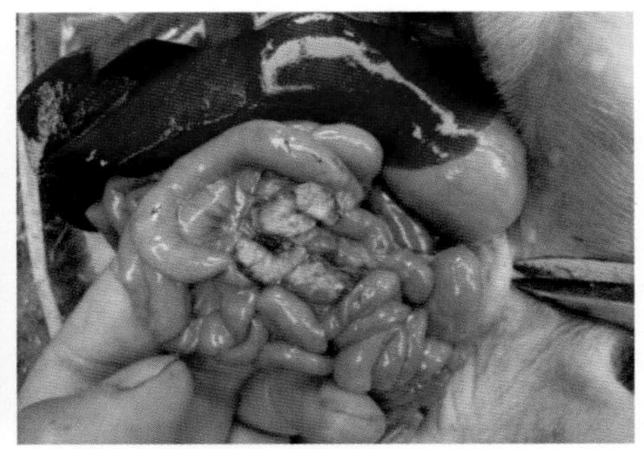

小肠可见干酪样、灰白色坏死灶

五、猪球虫病

猪球虫病的病原主要为猪艾美耳属球虫和等孢属球虫。仔猪多发，以腹泻、消瘦和发育受阻等为主要特征。成年猪多为带虫者，不表现临床症状。目前，已证实对猪有害的球虫有艾美耳属 8 种和等孢属 1 种，包括粗糙艾美尔球虫、蠕孢艾美尔球虫、蒂氏艾美尔球虫、精艾美尔球虫、有刺艾美尔球虫、极细艾美尔球虫、豚艾美尔球虫和猪等孢球虫。其中，猪等孢球虫感染性最强，危害最为严重。

1. 流行特点

猪球虫病梅雨季节多发，不同年龄、品种、性别的猪都可感染，以仔猪易感性最强。断奶仔猪多发艾美耳球病，8~15 日龄仔猪多发猪等孢球虫病，最早为 6 日龄，最迟为 3 周龄，所以有“10 日泄”之称。成年猪症状不明显。凡是被病猪、带虫猪粪便污染过的饲料、饮水、土壤或用具等，均为传染源。

2. 临床症状与剖检变化

猪等孢球虫主要感染 7~14 日龄仔猪（3~4 周龄仔猪感染率也非常高），20% 仔猪腹泻由该球虫病引起。病猪体况下降，发育停滞，被毛粗糙无光泽。腹泻粪便颜色多样，病初排松软糊状的黄色或灰白色粪便，一般无血便，似“挤黄油”状。2~3 d 后转为水样粪便，粘污会阴部、后躯，有强烈的酸臭味。腹泻会持续 4~6 d，有时出现轻微黄疸。

艾美耳属球虫主要感染断奶仔猪，以发热、腹泻、体重下降等为主要症状，粪便黏液状、带泡沫，褐色或绿色，常粘污会阴部。

8~15 日龄乳猪腹泻，精神尚可

粪便黄色、灰白色，或褐色、绿色

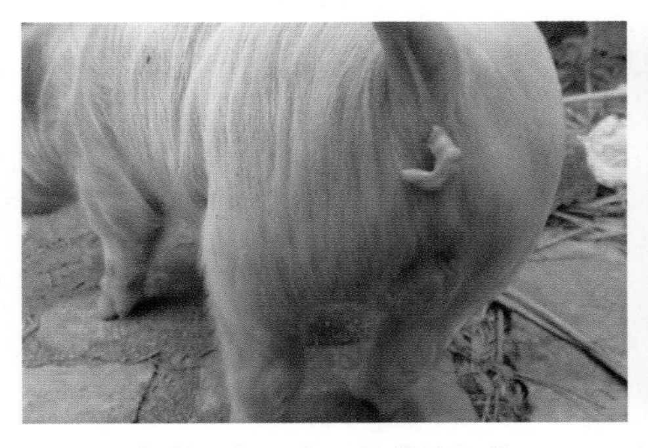

糊状泻便，似“挤黄油”状

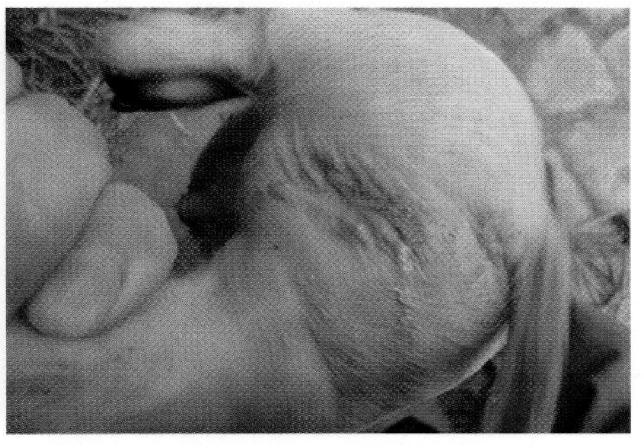

粪便粘附于会阴部，污染后躯，有强烈的酸臭味

病猪有轻微黄疸

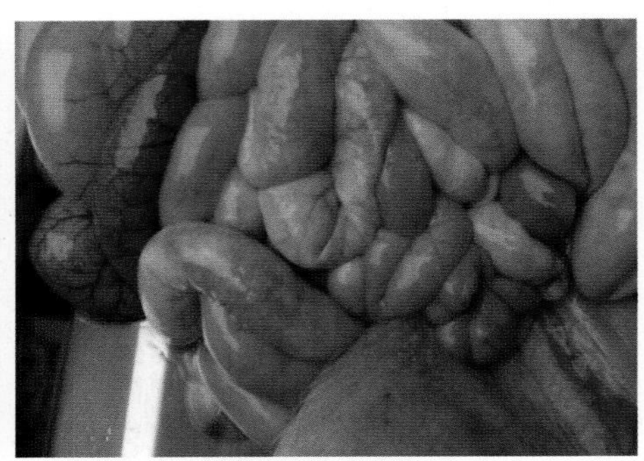

空肠和回肠病变

黏膜表面有斑点状出血，进而出现糠麸状坏死

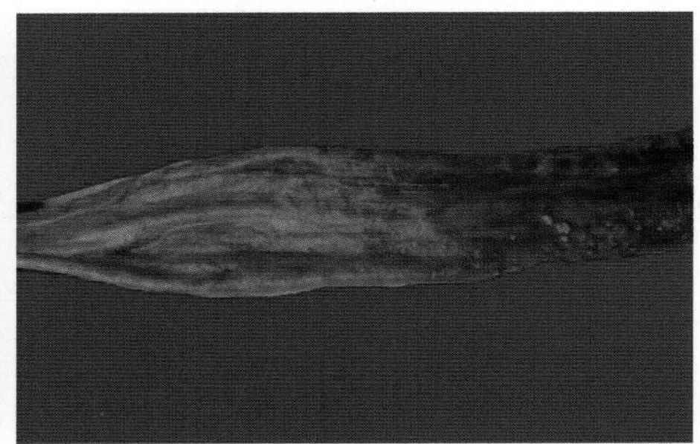

黄色、纤维素性、坏死性假膜附着在充血的黏膜上

剖检，可见急性肠炎特征，病变主要集中在小肠，以空肠或回肠为甚，大肠无明显病变。肠腔内容物暗红色、糊状、纤维素性，气味酸臭。肠黏膜有斑点状出血，进而出现糠麸状坏死。肠系膜淋巴结充血、肿大。充血黏膜上附着黄色纤维素坏死性假膜。镜检，可在黏膜上皮细胞内看见发育阶段的虫体。

3. 疾病诊断

抗生素治疗无效，是判断新生仔猪得病的特征。粪便中发现有大量球虫卵囊，即可确诊。对小肠黏膜上皮涂片染色，镜检见到蓝紫色裂殖子，即可确诊。

4. 综合防控措施

控制球虫卵囊的污染。实行“全进全出”生产制度，猪舍尤其是产房要消毒，保持清洁、干燥和通风。在饲料中保证有足够的维生素 A 和维生素 K 等。定期使用抗球虫药物，如百球清（25 mg/mL 甲苯三嗪酮）溶液，20 mg/kg 体重，加水混匀后，灌服。磺胺六甲氧嘧啶、磺胺喹噁啉 20~25 mL/kg 体重，1 次 /d，连用 3 d；或 12.5 mg/kg 混饲，连用 5 d。莫能霉素预混剂，60 mg/kg 体重混饲，连用 4 周。

附　录

一、常用药物的用法用量

1. β－内酰胺类抗菌药物

（1）青霉素 G（Penicillin G）：又名青霉素、苄青霉素，肌肉注射，5 万 ~10 万 U/kg 体重。本品与四环素和磺胺类药有配伍禁忌。

（2）氨苄青霉素（Ampicillin）：又名氨苄西林、氨比西林，0.02%~0.05% 拌料；肌肉注射，25~40 mg/kg 体重。

（3）阿莫西林（Amoxicillin）：又名羟氨苄青霉素，饮水或拌料，0.02%~0.05%；肌肉注射，2~7 mg/kg 体重。

（4）头孢曲松钠（Ceflriarone sodium）：肌肉注射，50~100 mg/kg 体重，与林可霉素有配伍禁忌。

（5）头孢氨苄（Cefalexn）：又名先锋霉素Ⅳ，口服，35~50 mg/kg 体重。

（6）头孢唑啉钠（Cefazolin sodium）：先锋霉素Ⅴ，肌肉注射，50~100 mg/kg 体重。

（7）头孢噻呋钠（Cefliofur sodium）：肌肉注射或静脉注射，30~50 mg/kg 体重。

2. 氨基糖苷类抗菌药物

（1）红霉素（Eryhromycin）：饮水，0.005%~0.02%；拌料，0.01%~0.03%。不能与莫能菌素、盐霉素等抗球虫药合用。

（2）卡那霉素（Kanamycin）：饮水，0.01%~0.02%；肌肉注射，5~10 mg/kg 体重。尽量不与其他药物配伍使用，与氨苄青霉素、头孢曲松钠、磺胺嘧啶钠、氨茶碱、碳酸氢钠、维生素 C 等有配伍禁忌。注射剂量过大可引起毒性反应，表现为水泻、消瘦等。

（3）阿米卡星（Amikacin）：又名丁胺卡那霉素，饮水，0.005%~0.015%；

拌料，0.01%~0.02%；肌肉注射，5~10 mg/kg 体重。与氨苄青霉素、头孢唑啉钠、红霉素、新霉素、维生素 C、氨茶碱、盐酸四环素类、地塞米松、环丙沙星等有配伍禁忌。注射剂量过大可引起毒性反应，表现为水泻、消瘦等。

（4）链霉素（Streptomycin）：肌肉注射，5 万 U/kg 体重。

（5）庆大霉素（Gentamycin）：饮水，0.01%~0.02%；肌肉注射，5~10 mg/kg 体重。与氨苄青霉素、头孢菌素类、红霉素、磺胺嘧啶钠、碳酸氢钠、维生素 C 等有配伍禁忌。注射剂量过大可引起毒性反应，表现水泻、消瘦等。

（6）壮观霉素（Spectinomycin）：又名大观霉素、速百治，饮水，0.025%~0.05%；肌肉注射，7.5~10 mg/kg 体重。

（7）安普霉素（Apramycin）：又名阿普拉霉素，饮水，0.025%~0.05%。

（8）越霉素 A（Destomycin A）：抗菌药、抗寄生虫药、驱线虫药，拌料，0.000 5%~0.001%。休药期 15 d。

（9）潮霉素 B（Hygromycin B）：抗菌药、抗寄生虫药、驱线虫药，拌料，0.001%~0.001 3%。休药期 15 d。

3. 大环内酯类抗菌药物

（1）罗红霉素（Roxithromycin）：饮水，0.005%~0.02%；拌料，0.01%~0.03%。与红霉素存在交叉耐药性。

（2）泰乐菌素（Tylosin）：又名泰农，饮水，0.005%~0.01%；拌料，0.01%~0.02%；肌肉注射，30 mg/kg 体重。不能与聚醚类抗生素合用。注射用药反应大，注射部位坏死，病猪表现精神沉郁，采食量下降，持续 1~2 d。

（3）替米考星（Tilmicosin）：饮水，0.01%~0.02%，拌料，0.012%~0.04%；肌肉注射，10~20 mg/kg 体重。

（4）螺旋霉素（Spiramycin）：饮水，0.02%~0.05%；肌肉注射，25~50 mg/kg 体重。

（5）北里霉素（Kitasamycin）：又名吉它霉素、柱晶霉素，饮水，0.02%~0.05%；拌料，0.05%~0.1%；肌肉注射，30~50 mg/kg 体重。

4. 四环素类抗菌药物

（1）土霉素（Osytetracycline）：又名氧四环素，饮水，0.02%~0.05%；拌料，0.1%~0.2%。与丁胺卡那霉素、氨茶碱、青霉素 G、氨苄青霉素、头孢菌素类、新生霉素、红霉素、磺胺嘧啶钠、碳酸氢钠等有配伍禁忌。

（2）强力霉素（Dosycycline）：又名多西环素、脱氧土霉素，饮水，0.01%~0.05%；拌料，0.02%~0.08%。配伍禁忌同土霉素。

（3）四环素（Tetracycline）：饮水，0.02%~0.05%；拌料，0.05%~0.1%。配伍禁忌同土霉素。

（4）金霉素（Chlortetracycline）：饮水，0.02%~0.05%；拌料，0.05%~0.1%。配伍禁忌同土霉素。

5. 氯霉素类抗菌药物

（1）新霉素（Neomycin）：饮水，0.01%~0.02%；拌料，0.02%~0.03%。

（2）甲砜霉素（Thiampheniclo）：又名甲砜氯霉素、硫霉素，拌料，0.02%~0.03%；肌肉注射，20~30 mg/kg 体重。与庆大霉素、新生霉素、土霉素、四环素、红霉素、林可霉素、泰乐菌素、螺旋霉素等有配伍禁忌。

（3）氟苯尼考（Florfenicol）：又名氟甲砜霉素，肌肉注射，20~30 mg/kg 体重。

6. 氟喹诺酮类抗菌药物

（1）氧氟沙星（Ofloxacin）：又名氟嗪酸，饮水，0.005%~0.01%；拌料，0.015%~0.02%；肌肉注射，5~10 mg/kg 体重。与氨茶碱、碳酸氢钠有配伍禁忌，与磺胺类药合用会造成肾损伤。

（2）恩诺沙星（Enrofloxacin）：饮水，0.005%~0.01%；拌料，0.015%~0.02%；肌肉注射，5~10 mg/kg 体重。配伍禁忌同氧氟沙星。

（3）环丙沙星（Ciprofloxacin）：饮水，0.01%~0.02%；拌料，0.02%~0.04%；肌肉注射，10~15 mg/kg 体重。配伍禁忌同氧氟沙星。

（4）达氟沙星（Danofloxacin）：又名单诺沙星，饮水，0.005%~0.01%；拌料，0.015%~0.02%；肌肉注射，5~10 mg/kg 体重。配伍禁忌同氧氟沙星。

（5）沙拉沙星（Sarafloxacin）：饮水，0.005%~0.01%；拌料，0.015%~0.02%；肌肉注射，5~10 mg/kg 体重。

（6）敌氟沙星（Difloxacin）：又名二氟沙星，饮水，0.005%~0.01%；拌料，0.015%~0.02%；肌肉注射，5~10 mg/kg 体重。配伍禁忌同氧氟沙星。

（7）氟哌酸（Norfloxacin）：又名诺氟沙星，饮水，0.01%~0.05%；拌料，0.03%~0.05%。配伍禁忌同氧氟沙星。

7. 磺胺类抗菌药物

（1）磺胺嘧啶（Sulfadiazine，SD）：抗菌药物、抗球虫药、抗卡氏白细胞虫药，饮水，0.1%~0.2%；拌料，0.2%；肌肉注射，40 mg/kg 体重。不能与拉沙菌素、莫能菌素、盐霉素配伍。本品最好与碳酸氢钠同时使用。

（2）磺胺二甲基嘧啶（Sulfadimidine，SM2）：又名菌必灭，抗菌药物、抗球虫药、抗卡氏白细胞虫药，饮水，0.1%~0.2%；拌料，0.2%；肌肉注射，40 mg/kg 体重。

（3）磺胺甲基异口噁唑（Sulfaquinoxaline）：又名新诺明，抗菌药物、抗球虫药、抗卡氏白细胞虫药，饮水，0.03%~0.05%；拌料，0.05%；肌肉注射，30~50 mg/kg 体重。配伍禁忌同磺胺嘧啶。本品最好与碳酸氢钠同时使用。

（4）磺胺喹口噁啉（Sulfaquinoxaline）：抗菌药物、抗球虫药、抗卡氏白细胞虫药，饮水，0.02%~0.05%；拌料，0.05%。配伍禁忌同磺胺嘧啶。本品最好与碳酸氢钠同时使用。

（5）二甲氧苄氨嘧啶（Diaveridine，DVD）：又名敌菌净，抗菌药物、抗球虫药、抗卡氏白细胞虫药，饮水，0.01%；拌料，0.02%。由于本品易形成耐药性，因此，不宜单独使用。常与磺胺类药或抗生素按 1 ∶ 5 比例使用，可提高抗菌、杀菌作用。配伍禁忌同磺胺嘧啶。本品最好与碳酸氢钠同时使用。

（6）三甲氧苄氨嘧啶（Trimethoprem，TMP）：抗菌药物、抗球虫药、抗卡氏白细胞虫，饮水，0.01%；拌料，0.02%。由于易形成耐药性，因此，不宜单独使用。常与磺胺类药或抗生素按 1 ∶ 5 比例使用，可提高抗菌、杀菌作用。配伍禁忌同磺胺嘧啶，且本品不能与青霉素、维生素 B_1、维生素 B_6、维生素 C 联合使用。

8. 抗病毒类药物

（1）吗啉胍（Moroxydine）：又名病毒灵，抗病毒药物，饮水或拌料，0.01%~0.02%。活病毒疫苗接种前后 7 d 内不得使用。

（2）利巴韦林（Ribavirin）：又名三氮唑核苷、病毒唑，抗病毒药物，饮水或拌料，0.005%~0.01%。活病毒疫苗接种前后 7 d 内不得使用。

（3）金刚烷胺（Amantadine）：抗流感药物，饮水或拌料，0.005%~0.01%。本品剂量过大会引起神经症状。

9. 其他常用药物

（1）林可霉素（Lincomycin）：又名洁霉素，饮水，0.02%~0.03%；肌肉注射，20~50 mg/kg 体重。本品最好与其他抗菌药物联用，避免耐药性。与多黏菌素、卡那霉素、新生霉素、青霉素 G、链霉素、复合维生素等有配伍禁忌。

（2）泰妙灵（Tiamulin）：又名支原净，饮水，0.012 5%~0.025%。本品不能与莫能菌素、盐霉素、甲基盐霉素等聚醚类抗生素合用。

（3）杆菌肽（Bacitracin）：拌料，0.004%；口服，100~200 单位 / 只，有肾毒性。

（4）多黏菌素（Colistin）：又名黏菌素、抗敌素，口服，3~8 mg/kg 体重；拌料，0.002%。与氨茶碱、青霉素、头孢菌素、四环素、红霉素、卡那霉素、维生素、碳酸氢钠等有配伍禁忌。

（5）痢菌净（Maquindox）：又名乙酰甲喹，抗菌药物，拌料，0.005%。毒性大，务必拌匀，连用不能超过 3 d。

（6）制霉菌素（Nystatin）：抗真菌药物，治疗曲霉菌病 1 万 ~2 万 U/kg 体重。

（7）左旋咪唑（Levamisloe）：驱线虫药，口服，24 mg/kg 体重。

（8）阿维菌素（aAvermectin）：驱线虫、节肢动物药物，拌料，0.3 mg/kg 体重；皮下注射，0.2 mg/kg 体重。

（9）伊维菌素（Ivermectin）：驱线虫、节肢动物药物，拌料，0.3 mg/kg 体重；皮下注射，0.2 mg/kg 体重。

（10）阿托品（Atropine）：有机磷中毒解救药，肌肉注射，0.1~0.2 mg/kg 体重。本品剂量过大会引起中毒。

（11）维生素 K_3（Vitamin K_3）：维生素添加剂、球虫病辅助治疗药物，拌料，0.000 3%~0.000 5%；肌肉注射，0.5~2 mg/kg 体重。本品长期应用，对肾有一定的损害。

（12）碳酸氢钠（Sodium bicarbonte）：磺胺药中毒解救药，减轻酸中毒，饮水，0.1%；拌料，0.1%~0.2%。炎热天气慎用，因会加重呼吸性碱中毒。剂量大时会引起肾肿大。

（13）氯化铵（Ammoneum chloride）：祛痰药，饮水，0.05%。

二、常用消毒剂的配制和使用

1. 过氧化物类消毒药

（1）过氧乙酸：又称过醋酸，具有高效、速效和广谱杀菌作用，能有效杀死细菌、结核杆菌、真菌、病毒、芽孢及其他微生物。配成 0.1%~0.2%

浓度，用于猪舍内外、用具及带猪消毒。带猪消毒时，不要直接对着猪头部喷雾，防止伤害猪的眼睛。加热熏蒸用 3%~5% 浓度，1~3 g/m^3 空间，密闭 1~2 h。

（2）高锰酸钾：又称过锰酸钾或灰锰氧，是一种强氧化剂的消毒药，能氧化微生物体内的活性基，而将微生物杀死。常配成 0.1%~0.2% 浓度，用于猪的皮肤、黏膜消毒，主要是对临产前母猪乳头、会阴产科局部消毒用。

2. 氯化物类消毒剂

（1）漂白粉：主要成分是次氯酸钙，杀菌广谱，作用强，但不持久。配成 5%~10% 混悬液喷洒，也可以用干粉末撒布，主要用于厩舍、畜栏、饲槽、车辆等消毒。本品 0.03%~0.15% 浓度作为饮水消毒。

（2）次氯酸钠（NaClO）：是一种有效、快速、杀菌力特强的消毒剂，目前广泛用于水、污水及环境消毒。畜禽养殖水质消毒，常用维持量 2~4 ml/L 有效氯。用于猪舍内外环境消毒，常用 5~10 ml/L 有效氯。用 5 ml/L 浓度氯溶液带猪喷雾消毒。

（3）菌毒王消毒剂：是一种含二氧化氯的二元复配型消毒剂。消毒剂与活化剂等量混合活化后，可释放出游离的二氧化氯。二氧化氯具有很强的氧化作用，能杀灭各种细菌、霉菌、病毒和藻类等微生物。目前广泛应用于畜禽场、饲喂用具、饮水、环境等消毒。畜禽水质消毒常用 5 ml/L，环境消毒用 200 ml/L，饲喂用具消毒常用 700 ml/L。

（4）强力消毒王：是一种新型复方含氯消毒剂。主要成分为氯异氰尿酸钠，并加入阴离子表面活性剂等，有效氯含量 >20%。本品消毒杀菌力强，易溶于水，正常使用对人、畜无害，对皮肤、黏膜无刺激和腐蚀性，并具有防霉、去污、除臭的效果，且性能稳定、持久耐贮存；带畜、禽喷雾消毒；对各种病毒、细菌和霉菌、畜禽寄生虫虫卵均有较好的杀灭作用。根据消毒范围及对象，参考规定比例称取一定量的药品，先用少量水溶解成悬浊液，再加水逐步稀释到规定比例。

3. 碘类消毒剂

（1）碘酊（碘酒）：是一种温和的碘消毒剂溶液，一般配成 2% 浓度（碘 2 g，碘化钠或碘化钾 2 g，70% 乙醇加至 100 mL），作为免疫、注射部位及外科手术部位皮肤，以及各种创伤、感染的皮肤或黏膜消毒。

（2）碘伏：杀菌能力与碘酊相似，有消毒和清洁作用，而且毒性极低，对黏膜和皮肤无刺激性，也不会引起碘的过敏反应。临床上常用 1% 碘伏，用于注射部位，手术部位的皮肤、黏膜，以及创伤口、感染部位消毒；或用于临产前母猪乳头、会阴部位清洗消毒。

（3）特效碘消毒液：复方络合碘溶液，具有广谱长效、无毒、无异味、无刺激、无腐蚀、无公害等特点。能杀灭致病的葡萄球菌、化脓性链球菌、炭疽杆菌、巴氏杆菌、沙门杆菌等，还能杀灭副黏病毒、痘病毒等。常用 0.3% 特效碘消毒剂 40~80 倍稀释液，进行畜禽舍喷雾消毒。

4. 洗必泰

洗必泰，又名氯己定，是一种毒性、腐蚀性和刺激性都低的安全消毒剂，具有相当强的广谱抑菌、杀菌作用，对革兰阳性菌和阴性菌的抗菌作用比新洁尔灭强，但对耐酸菌、芽孢及病毒无效。0.5% 洗必泰主要用于外科手术前人员手臂和皮肤、黏膜部位消毒；0.1%~0.2% 洗必泰水溶液，可以用于临产猪擦洗胸腹下、乳头、后臀部、会阴等部位的消毒；0.1% 洗必泰也可以用于产房带猪消毒。

5. 季铵盐类消毒剂

主要用于无生命物品或皮肤消毒。季铵盐化合物毒性极低，安全、无味，无刺激性，易溶解于水，对金属、织物、橡胶和塑料等无腐蚀性。它的抑菌能力很强，但杀菌能力不太强，主要对革兰阳性菌抑菌作用强，对革兰阴性菌抑菌作用较差。对芽孢、病毒及结核杆菌作用能力差，不能杀死。目前为了克服这方面的缺点，厂家又研制出复合型双链季铵盐化合物，较传统季铵盐类消毒剂杀菌力强数倍。有的产品还结合杀菌力强的溴原子，使分子亲水性及亲脂性倍增，更增强了杀菌作用。

（1）新洁尔灭：在水中、醇中易溶，对革兰阳性菌有很强的抑菌能力。本品温和，毒性低，无刺激性，不着色，不损坏消毒物品，使用安全，应用广泛。临床常用 0.1% 新洁尔灭进行外科手术器械和人员手、臂的消毒。

（2）杜灭芬：也称消毒宁。本品由于能扰乱细菌的新陈代谢，故产生抑菌、杀菌作用。常配成 0.02%~1% 溶液，用于皮肤、黏膜消毒及局部感染湿敷。

（3）瑞德士 –203 消毒杀菌剂：是由双链季胺盐和增效剂复配而成。本品具有低浓度、低温快速杀灭各种病原、细菌、霉菌、真菌、虫卵、藻类、芽孢及各种畜禽致病微生物的作用。平常预防消毒用 40 型号的本品，按 3 200~4 800 倍稀释，进行猪舍内外环境的喷洒消毒；按 1 600~3 200 倍稀释，做疫场消毒。

（4）百菌灭消毒剂：是复合型双链季铵盐化合物，并结合了最强杀菌力的溴（Br）原子，能杀灭各种病毒、细菌和霉菌。平常预防消毒，取本品按 800~1 200 倍稀释，做猪舍内喷雾消毒；按 1 ∶ 800 倍稀释，可用于疫情场内外环境消毒；按 3 000~5 000 倍稀释，可长期或定期对饮水系统消毒。

（5）畜禽安消毒剂：为复合型第五代双单链季胺盐化合物。比传统季胺盐类消毒剂抗菌广谱、高效，能杀灭各种病、细菌和霉菌，适用条件广泛，不受环境、水质、pH、光照、温度等影响。平常预防消毒，常用 40% 畜禽安按 3 500~6 000 倍稀释，用于猪舍的喷洒消毒；按 1 200~3 000 倍稀释，用于疫场的环境和猪舍内喷洒消毒。

6. 乙醇

乙醇是医学上最常用的消毒剂，能迅速杀死各种细菌繁殖体和结核杆菌。但任何高浓度醇类都不能杀死芽孢，对病毒和真菌孢子的效果也不敏感，需长时间才有效。临床上常配成 70%~75% 乙醇溶液，用于注射部位皮肤、人员手指、注射针头及小件医疗器械等的消毒。

7. 来苏儿（皂化甲酚溶液）

来苏儿是人工合成酚类的一种，可以使微生物原浆蛋白质变性沉淀，而起到杀菌或抑菌作用。来苏儿能杀死一般细菌，但对芽孢无效，对病毒与真菌也无杀灭作用。常配成 1%~2%，用于人员体表、手指和器械等的消毒，5% 用于猪舍、污物消毒等。

8. 菌毒敌消毒剂

菌毒敌消毒剂是一种高效、广谱、无腐蚀的畜禽消毒剂。本品具有杀灭各种病毒、细菌和霉菌作用，对口蹄疫病毒、伪狂犬病毒、结核杆菌、巴氏杆菌、猪丹毒杆菌、大肠杆菌、沙门杆菌等均有较好的杀灭作用。常规预防消毒，按 300 倍稀释，用于猪场内外环境消毒；按 100 倍稀释，做特定传染病病毒及运载性车辆的喷雾消毒。

9. 甲醛溶液（福尔马林）

甲醛是一种杀菌力极强消毒剂，它能有效杀死各种微生物（包括芽孢），但需要长时间才能杀死。配成 5% 甲醛酒精溶液，可用于手术部位消毒，10%~30% 甲醛溶液可用于治疗蹄叉腐烂，4%~8% 甲醛溶液可做喷雾、浸泡、熏蒸消毒。

10. 氢氧化钠（苛性钠）

氢氧化钠属于碱类消毒药，能溶解蛋白质，破坏细菌的酶系统和菌体结构，对机体组织细胞有腐蚀作用。本品对细菌繁殖体、芽孢、病毒都有很强的杀灭作用，对寄生虫卵也有杀灭作用。常配成 2% 热溶液，用于病毒和细菌及弓形体污染的猪舍、饲槽和车轮等消毒；5% 溶液用于炭疽芽孢污染场地的消毒。

11. 硼酸

硼酸只有抑菌作用，没有杀菌作用，但刺激性很小，不损伤组织。常配成 2%~4% 溶液，冲洗眼、口腔黏膜等，3%~5% 溶液冲洗新鲜创伤。